职业技能提高实战演练丛书

JIAGONG ZHONGXIN CAOZUOGONG SIEMENS XITONG BIANCHENG YU CAOZUO SHIXUN

加工中心操作工（SIEMENS系统）

编程与操作实训

主　编　刘　杰

副主编　肖立克　李　举

编　者　李　昊　王　龙　王　磊

　　　　刘兴波　蔡文斌　练军峰

　　　　张金刚

主　审　王校春

 中国劳动社会保障出版社

图书在版编目（CIP）数据

加工中心操作工（SIEMENS 系统）编程与操作实训/人力资源和社会保障部教材办公室组织编写. —北京：中国劳动社会保障出版社，2017

（职业技能提高实战演练丛书）

ISBN 978－7－5167－2938－0

Ⅰ.①加… Ⅱ.①人… Ⅲ.①数控机床加工中心-程序设计②数控机床加工中心-操作 Ⅳ.①TG659

中国版本图书馆 CIP 数据核字（2017）第 097210 号

中国劳动社会保障出版社出版发行

（北京市惠新东街 1 号 邮政编码：100029）

*

三河市华骏印务包装有限公司印刷装订 新华书店经销

787 毫米×1092 毫米 16 开本 14.25 印张 330 千字

2017 年 7 月第 1 版 2017 年 7 月第 1 次印刷

定价：33.00 元

读者服务部电话：（010）64929211/64921644/84626437

营销部电话：（010）64961894

出版社网址：http://www.class.com.cn

内 容 简 介

　　本书根据中等职业院校教学计划和教学大纲，由从事多年数控理论及实训教学的资深教师编写，集理论知识和操作技能于一体，针对性、实用性较强，并加入了大量的加工实例。通过西门子 808D 编程的基本知识、西门子 808D 数控加工中心的操作、平面加工训练、轮廓加工、槽类加工、孔类加工、综合加工、数控技能大赛造型与编程加工、机床维护与故障诊断等模块的学习，使学生掌握加工中心操作工（SIEMENS 系统）编程与操作的相关知识与技能。

　　本书适用于中等职业院校加工中心操作工（SIEMENS 系统）实训教学。本书采用模块式结构，突破了传统教材在内容上的局限性，突出了系统性、实践性和综合性等特点。

　　由于时间仓促，加上编者水平有限，书中可能有不妥之处，望读者批评指正。

前　　言

　　为了落实切实解决目前中等职业院校中机械设计制造类专业（含数控类专业）教材不能满足院校教学改革和培养技术应用型人才需要的问题，人力资源和社会保障部教材办公室组织一批学术水平高、教学经验丰富、实践能力强的老师与行业、企业一线专家，在充分调研的基础上，共同研究、编写了机械设计制造类专业（含数控类专业）相关课程的教材，共16种。

　　在教材的编写过程中，我们贯彻了以下原则：

　　一是充分汲取中等职业院校在探索培养技术应用型人才方面取得的成功经验和教学成果，从职业（岗位）分析入手，构建培养计划，确定相关课程的教学目标。

　　二是以国家职业技能标准为依据，使内容分别涵盖数控车工、数控铣工、加工中心操作工、车工、工具钳工、制图员等国家职业技能标准的相关要求。

　　三是贯彻先进的教学理念，以技能训练为主线、相关知识为支撑，较好地处理了理论教学与技能训练的关系，切实落实"管用、够用、适用"的教学指导思想。

　　四是突出教材的先进性，较多地编入新技术、新设备、新材料、新工艺的内容，以期缩短学校教育与企业需要的距离，更好地满足企业用人的需要。

　　五是以实际案例为切入点，并尽量采用以图代文的编写形式，降低学习难度，提高学生的学习兴趣。

　　本书由山东省轻工工程学校刘杰任主编，山东省轻工工程学校肖立克、山东技师学院李举任副主编。山东省轻工工程学校李昊、王龙、王磊、刘兴波，山东技师学院蔡文斌、练军峰，山东省职业技能鉴定指导中心张金刚参与编写。山东技师学院王校春任主审。

　　在上述教材的编写过程中，得到了山东省职业技能鉴定指导中心的大力支持。教材的诸位主编、参编、主审等做了大量的工作，在此我们表示衷心的感谢！同时，恳切希望广大读者对教材提出宝贵的意见和建议，以便修订时加以完善。

人力资源和社会保障部教材办公室

目 录

《职业技能提高实战演练丛书》 CONTENTS

绪　　论

一、数控立式加工中心的基本工作原理

　　数控立式加工中心的基本配置是在数控立式铣床（以下简称机床）的基础上配置刀库管理，实现刀具的自动换刀。主轴必须是闭环数控主轴，实现主轴定向及刚性攻螺纹功能。

　　按照零件加工的技术要求和工艺要求，编写零件的加工程序，然后将加工程序输入到数控系统，通过数控系统控制机床的主运动（机械主轴正、反转，主轴定向）、进给运动[X（横向）轴、Y（纵向）轴、Z（上下）轴的直线运动]、刀库的自动换刀及冷却、润滑、照明系统等。

二、数控立式加工中心的特点及应用

　　数控立式加工中心应用广泛，可以加工各种平面轮廓和立体轮廓的零件，如凸轮、模具和叶片等，还可以进行钻孔、扩孔、铰、刚性攻螺纹和镗孔等加工。

三、数控立式加工中心的主要组成部分

　　数控立式加工中心主要由机床、数控系统、加工中心、刀库等组成。数控系统主要配置以下单元：数控单元（PPU）、机床控制面板单元（MCP）、进给轴伺服驱动器单元、进给轴伺服电动机单元、主轴交流伺服驱动器单元、主轴交流伺服电动机单元等，如图0—1—1所示。

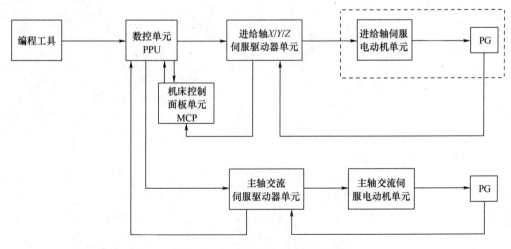

图0—1—1　数控系统的主要配置

1. 机床主机

它是数控立式加工中心的机械部分，包括床身导轨系统、主轴机械系统、工作台及进给轴机械系统、冷却及润滑系统、气动机械装置、内外钣金防护系统等。

2. 刀库

刀库属于独立机械单元，如斗笠式刀库，机械手圆盘式刀库。

3. 控制部分

它是数控立式加工中心的核心，包括数控系统及机床电气控制系统。

模块一

西门子808D编程的基本知识

目前，国内主流的数控系统中西门子系统占据了较高的市场份额，尤其是在国内高端数控机床领域，西门子系统更是占据了主导地位。本模块的主要内容是介绍西门子808D数控系统编程的基本知识，通过本模块的学习，学习者可以掌握西门子808D系统的编程指令，能够根据相应的指令完成数控程序的编写，为实现西门子808D数控系统的加工打下良好的基础。

模块目标

1. 掌握编程安全须知。
2. 能够建立数控立式加工中心机床坐标系。
3. 掌握数控编程的基本指令。

项目一　编程安全须知

一、机床坐标系的设定

如果没有设置正确的坐标系，尽管指令是正确的，但机床有可能并不按你想象的动作运动。这种误动作有可能损坏刀具、机床、工件，甚至伤害操作者。数控立式加工中心的数控系统重新上电时，其各进给轴必须执行返回参考点，除非配置了绝对值编码器（如参考点丢失必须重新设定参考点）。返回参考点方向、参考点位置等可在机床参数里设定。相关返回参考点的参数如下：

数据号	单位	值	数据说明
MD34010		0/1	返回参考点方向 0—正、1—负
MD34100	mm	*	参考点（相对坐标系）位置

注：必须输入制造商口令"EVENING"。

二、G0 速度的快速定位

在执行 G0 速度的快速定位时，应仔细确认刀具路径的正确性。这种定位为快速移动，如果刀具和工件发生了碰撞，有可能损坏刀具、机床、工件，甚至伤害操作者。

G0 速度的快速定位要在所有的进给轴全部返回参考点成功后才能执行。

G0 速度可在机床参数里设定：

数据号	单位	值	数值说明
MD32000	mm/min	*	最高轴速度

注：必须输入制造商口令"EVENING"。

三、行程检查（硬限位与软限位）

数控立式加工中心各进给轴一般配置硬限位正、负行程开关，以常闭控制方式输入到数控单元 PLC、I/O 端子，由 PLC 程序处理。如硬限位行程正、负超程时，常闭点断开锁定相应进给轴，并发出相应报警。

接通机床电源后需要手动返回参考点。手动返回参考点前行程检查功能不能用。应注意，当不能进行行程检查时，即使出现软限位超程，系统也不会发出警报，这也许会造成刀具、机床本身、工件的损坏，甚至伤及操作者。

只有各进给轴全部成功返回参考点激活软限位功能才发出软限位超程报警。

各进给轴软限位行程位置可在机床参数里设定：

数据号	单位	值	数值说明
MD36100	mm	*	负向软限位
MD36110	mm	*	正向软限位

注：必须输入制造商口令"EVENING"或用户口令"CUSTOMER"。

四、绝对值/增量值方式

用绝对坐标编制的程序在增量方式下使用时，或者反过来，机床有可能不按预想的动作运动。

五、平面选择

在圆弧插补、螺旋插补或固定循环时，如果使用的平面不正确，机床有可能不按预想的动作运动。

项目二　数控立式加工中心坐标系

一、编程的基本知识

1. 数控编程的种类

（1）手工编程。根据零件产品图样技术要求及加工工艺手工编写加工零件的程序。

（2）自动编程。利用 CAM 软件对待加工零件另建模型后处理自动生成加工程序（配置西门子 DIN 模式后处理器，对零件产品图样建模后自动生成加工程序。），常见的软件有 UGS、Pro/E、Mastercam 等。

2. 数控程序的结构和命名

（1）程序结构。一个完整的加工程序一般由程序名、程序内容和程序结束符号三部分组成。

（2）程序名。常见的数控程序命名的格式为字母 O + 四位数字组成，这也是国际通用的数控程序的命名方式。在西门子 808D 数控系统中可以使用字母 + 数字的方式进行命名，这给予了编程者灵活的程序命名方式。编程者可以根据零件的类型、种类、形状等特征选择合适的命名方法。

（3）字结构及地址。在西门子 808D 系统中常见的数据一般有两种表达方式，地址符和数值。

1）地址符。地址符表示数据的类型和地址，一般是一个字母或多个字母，如：$R8.5$。

2）数值。数值一般表示坐标或者数值的大小，可以带正负号和小数点（正号可省略）。

（4）程序内容。程序内容是由各种指令代码组成的，由各种准备功能的 G 代码和辅助功能的 M、S、T 代码组成的程序内容，一般由字符和字组成。

1）字符。程序中的每一个字母、数字或其他符号均称为字符。

2）字。能表示某一功能的、按一定顺序和规定排列的字符集合称为字。数控装置对输入程序的信息处理，以字为单位进行。

例如，G01 是一个字，由字母 G 及数字 0、1 组成，字 G01 定义为直线插补；$X-42.3$ 也是一个字，它表示刀具位移至 X 轴负方向 42.3 mm 处。

（5）程序段。一个程序段表示数控机床的一种操作，对应于零件的某道工序加工。程序段由若干个代码字组成。

下面是数控加工中心的一个程序段：

N10　G01　X80.5　Z-35　F60　S300　T01　M03；

其中各代码字的含义为：

N10 是程序段序号字。

G01 是准备功能字，表示直线插补。

X80.5　Z-35 是坐标字，X80.5 指刀具运动终点的 X 坐标位置在 X 轴正向 80.5 mm 处。

F60 表示进给速度为 60 mm/min。

S300 表示主轴转速为 300 r/min。

M03 是辅助功能字，表示主轴正转。

该程序段完成的具体操作是：命令数控立式加工中心主轴以 300 r/min 的速度正转，并以 60 mm/min 的进给速度直线插补运动至 X80.5 mm 和 Z-35 mm 处。

（6）子程序格式。

L732P3；（L 表示子程序，732 表示程序名，P3 表示调用 3 次）

RET；（子程序结束，返回主程序）

二、数控立式加工中心机床坐标系

1. 标准坐标系是一个右手笛卡儿坐标系（见图1—2—1）。

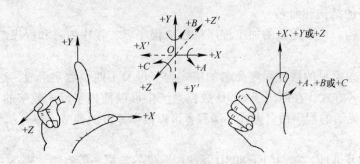

图1—2—1　右手笛卡儿坐标系

注意事项：

（1）基本坐标轴。数控立式加工中心的坐标轴和方向的命名制定了统一的标准，规定直线进给运动的坐标轴用 X、Y、Z 表示，常称为基本坐标轴。

（2）旋转轴。围绕 X、Y、Z 轴旋转的圆周进给坐标轴分别用 A、B、C 表示，根据右手螺旋定则，如图1—2—1所示，以拇指指向 $+X$、$+Y$、$+Z$ 方向，则食指、中指等的指向是圆周进给运动的 $+A$、$+B$、$+C$ 方向。

2. 数控立式加工中心机床坐标系的定义

机床主轴方向为 Z 轴，刀具远离工件的方向为 Z 轴的正方向；工作台横向为 X 轴方向，纵向为 Y 轴方向，如图1—2—2所示。

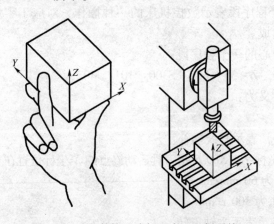

图1—2—2　数控立式加工中心坐标系统

注意事项：

（1）机床参考点、机床原点、机床坐标系是三个不同的概念，在使用过程中不要混淆。

机床参考点：为了在机床工作时正确地建立机床坐标系，通常在每个坐标轴的移动范围内设置一个固定的机械的机床参考点（测量起点）。该点系统不能确定机床参考点的位置。

机床原点：通过已知参考点（已知点）、系统设置的参考点与机床原点的关系可确定一固定的机床原点，也称为机床坐标系的原点。该点系统能确定机床原点的位置。

机床坐标系：以机床原点为原点、机床坐标轴为轴而建立的坐标系即为机床坐标系。该坐标系是机床位置控制的参照系。

（2）工件坐标系、程序原点。工件坐标系是编程人员在编程时使用的，由编程人员选择工件上的某一点为原点（也称程序原点）建立的坐标系，如图 1—2—3 所示。工件坐标系一旦建立便一直有效，直到被新的工件坐标系所取代。在西门子 808D 编程中常采用 G54 指令建立工件坐标系。

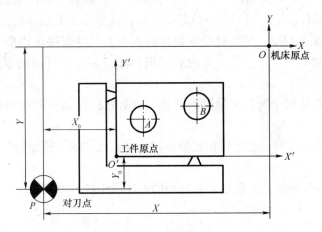

图 1—2—3 工件坐标系

项目三 西门子 808D 的编程指令

一、插补平面选择指令 G17、G18、G19

指令格式：G17；（G18；或 G19；）

指令功能：表示选择的插补平面（见图 1—3—1）。

指令说明：G17 表示选择 XY 平面，进刀方向 Z；G18 表示选择 ZX 平面，进刀方向 Y；G19 表示选择 YZ 平面，进刀方向 X。

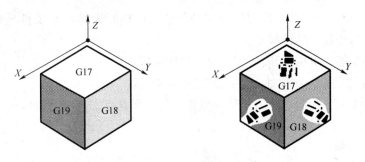

图 1—3—1 插补平面的选择

编程举例：

N10 G17 T01 D01 M03；（选择 XY 平面）

N20 G00 X0 Y0 Z100；

二、绝对值编程指令 G90 与增量值编程指令 G91（模态有效）

指令格式：G90 G ＿ X ＿ Y ＿ Z ＿＿ ；G91 G ＿ X ＿ Y ＿ Z ＿；

指令说明：G90 为绝对值编程，每个轴上的编程值是相对于程序原点的；G91 为增量值编程，每个轴上的编程值是相对于前一位置而言的，该值等于沿轴移动的距离。

绝对位置数据输入 G90：在绝对位置数据输入中，尺寸取决于当前坐标系（工件坐标系或机床坐标系）的零点位置。零点偏置有可编程零点偏置、可设定零点偏置或者没有零点偏置几种情况。

程序启动后 G90 适用于所有坐标轴，并且一直有效，直到在后面的程序段中被 G91 替代为止。

增量位置数据输入 G91：在增量位置数据输入中，尺寸表示待运行的轴位移。移动的方向由 G91 符号确定。

G91 适用于所有坐标轴，并且可以在后面的程序段中被 G90 替换。

编程举例如图 1—3—2 所示。

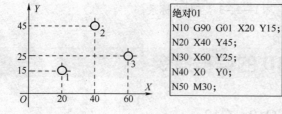

绝对01	相对02
N10 G90 G01 X20 Y15； N20 X40 Y45； N30 X60 Y25； N40 X0　Y0； N50 M30；	N10 G91 G01 X20 Y15； N20 X20 Y30； N30 X20 Y−20； N40 X−60 Y−25； N50 M30；

图 1—3—2　G90 与 G91 编程举例

三、快速移动指令 G00（模态有效）

指令格式：G00　X_ Y_ Z_ ；

指令说明：其中，X、Y、Z 为快速定位终点，G90 时为终点在工件坐标系中的坐标；G91 时为终点相对于起点的位移量。

G00 为模态功能，可由 G01、G02、G03 功能注销。

用 G00 快速移动时，在地址 F 下编程的进给率无效。

例题：如图 1—3—3 所示，刀具从 A 点快速移动至 B 点，使用绝对坐标与增量坐标方式编程。

用绝对坐标编程：

N10 G90 G00　X15　Y−60；　　（刀具快速移动至 O_p 点）

N20 G92　X0　Y0；　　（重新设定工件坐标系，换刀点 O_p 与工件坐标系原点重合）

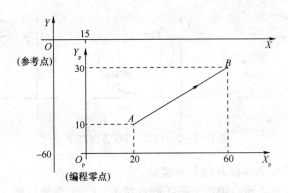

图 1—3—3　G00 快速移动指令编程举例

N30 G00　X20　Y10；（刀具快速移动至 A 点定位）
N40　X60　Y30；（刀具从起点 A 快移至终点 B）
用增量值方式编程：
N10 G91　G00　X15　Y－60；
N20 G00　X20　Y10；
N30　X40　Y20；

四、带进给量的直线插补指令 G01（模态有效）

指令格式：G01　X _ Y_ Z_ F_ ；

指令说明：其中，X、Y、Z 为终点，G90 时为终点在工件坐标系中的坐标；G91 时为终点相对于起点的位移量。

G01 和 F 都是模态代码，G01 可由 G00、G02、G03 功能注销；F 规定了沿圆弧切向的进给速度。

例题：如图 1—3—4 所示，刀具从 A 点直线插补至 B 点，使用绝对坐标与增量坐标方式编程。

用绝对坐标方式编程：

G90　G01　X60　Y30　F200；

用增量坐标方式编程：

G91　G01　X40　Y20　F200；

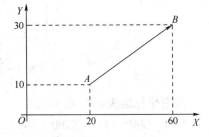

图 1—3—4　G01 直线插补指令编程举例

五、圆弧进给指令 G02、G03（见图 1—3—5）

指令格式：G02/G03 X __ Y __ I __ J __；（圆心和终点）
G02/G03 CR = __ X __ Y __；（半径和终点）

指令说明：

（1）刀具以圆弧轨迹从起始点移动到终点，方向由 G 指令确定，顺时针方向为 G02，逆时针方向为 G03。

（2）X、Y、Z 为圆弧终点坐标值，如果采用增量坐标方式 G91，则 X、Y、Z 表示圆弧

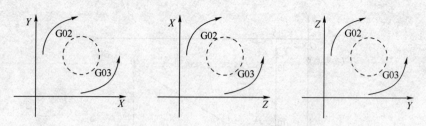

图 1—3—5　G02、G03 方向判定

终点相对于圆弧起点在各坐标轴方向上的增量。

（3）I、J、K 表示圆弧圆心相对于圆弧起点在 X、Y、Z 各坐标轴方向上的增量，与 G90 或 G91 的定义无关。

（4）"CR ="后面是圆弧半径，当圆弧所对应的圆心角为 0°～180°时，"CR ="后面的数值取正值；圆心角为 180°～360°时，"CR ="后面的数值取负值。

（5）I、J、K 的值为零时可以省略。

例题：如图 1—3—6 所示，设起刀点在坐标原点 O，刀具沿 A—B—C 路线切削加工，使用绝对坐标与增量坐标方式编程。

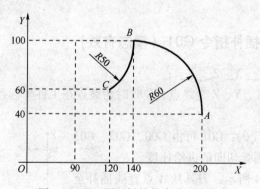

图 1—3—6　圆弧插补指令编程举例

绝对坐标编程：

N10　G90　G00　X200　Y40；（刀具快速移动至 A 点）

N20　G03　X140　Y100　I－60（或 CR ＝60）　F100；

N30　G02　X120　Y60　I－50（或 CR ＝50）；

增量坐标编程：

N10　G92　X0　Y0　Z0；

N20　G91　G00　X200　Y40；

N30　G03　X－60　Y60　I－60（或 CR ＝60）　F100；

N40　G02　X－20　Y－40　I－50（或 CR ＝50）；

六、暂停指令 G04

指令格式：G04　F ＿；

指令说明：F 表示暂停时间，单位为 s。

指令格式：G04 S __ ；

指令说明：S 表示暂停主轴转数，单位为转。

编程举例：

N5 G01 F200 Z – 50 S300 M03；（F 进给率，单位为 mm/min，S 主轴转速，单位为 r/min）

N10 G04 F2.5；（暂停 2.5 s）

N20 Z70；

N30 G04 S30；（主轴暂停 30 转，相当于在 S＝300 r/min 和转速修调 100% 时，暂停 $t＝$ 0.1 min）

G04 S __ ；（只在受控主轴情况下才有效，当转速给定值同样通过 S __ 编程时）。

七、主轴运动指令 S

数控立式加工中心配置闭环数控主轴，主轴的转速可以在地址 S 下编程，单位为 r/min。旋转方向通过指令 M 规定。

八、刀具和刀具补偿指令

1. 刀具指令 T

T 指令可以选择刀具，有两种执行办法：

（1）用 T 指令直接更换刀具，如 T01。

（2）仅用 T 指令预选刀具，另外，还要用 M06 指令才可以进行刀具的更换，如 T01 M06。

2. 刀具半径补偿指令 G40、G41、G42（线性插补）

指令格式：

$\begin{Bmatrix} G00 \\ G01 \end{Bmatrix} \begin{Bmatrix} G41 \\ G42 \end{Bmatrix}$ X __ Y __ F __ ；（G00 快速移动，G41 刀具半径补偿，轮廓左边；G01 直线插补，G42 刀具半径补偿，轮廓右边）

G40 X __ Y __ F __ ；（G40 取消刀具半径补偿）

刀具必须有相应的刀补号才能有效。刀具半径补偿通过 G41/G42 生效。控制器自动计算出当前刀具运行所产生的、与编程轮廓等距的刀具轨迹（见图 1—3—7）。

G40 是取消刀具半径补偿功能；G41 是在相对于刀具前进方向左侧进行补偿，称为左刀补，如图 1—3—8a 所示；G42 是在相对于刀具前进方向右侧进行补偿，称为右刀补，如图 1—3—8b 所示。G40、G41、G42 都是模态代码，可相互注销。

3. 刀具补偿号 D

指令格式：G00 Z __ T __ D __ ；

指令说明：Z_ 刀具坐标位置，T_ 为刀号，D 后为 01、02 或 03，走程序时 Z 轴会自动加上 D 处的值，即可补偿。

如果没有编写 D 指令，则 D01 自动生效；如果编程 D00，则刀具补偿值无效。

说明：刀具调用后，刀具半径补偿立即生效。

提示：系统中最多可以同时存储 64 个刀具补偿数组（D 号）。

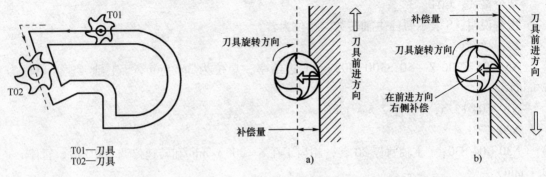

图 1—3—7　刀具补偿号的意义

T01—刀具
T02—刀具

图 1—3—8　刀具补偿方向
a）左刀补　b）右刀补

采用刀具补偿 D 的时候一般使用多把刀进行互换加工，那么刀具是怎样完成互换的呢？就是靠指令数 M06 + T_ （刀号）。那么刀具又是如何放置在机床中的？对于加工中心来说，它比传统的数控铣床多了一个换刀装置和刀库。

刀库的形式一般分为盘式刀库和链式刀库，如图 1—3—9 和图 1—3—10 所示。

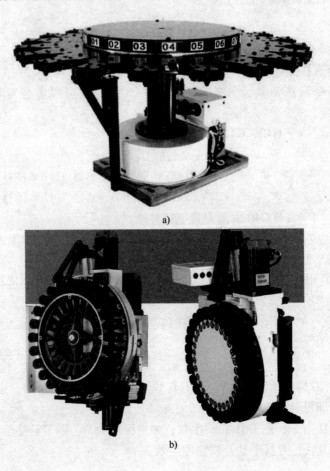

a)

b)

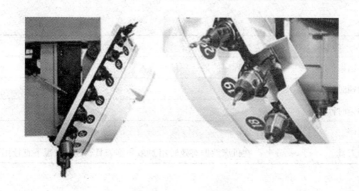

c)

图 1—3—9　盘式刀库

a）斗笠式盘式刀库　b）立式盘式刀库　c）斜盘式刀库

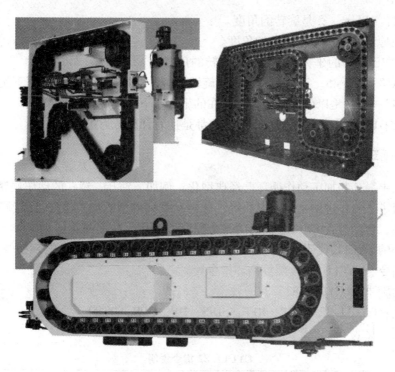

图 1—3—10　链式刀库和机械手

九、辅助功能指令（见表 1—3—1）

表 1—3—1 　　　　　　　　　　　　辅助功能指令

指令	功能	说明
M00	程序停止	用 M00 停止程序的执行，按"启动"键加工继续进行
M01	程序有条件停止	与 M00 一样，但仅在"有条件停（M01）有效"功能被软键或接口信号触发后才生效

续表

指令	功能	说明
M02	程序结束	在程序的最后一段被写入
M03	主轴顺时针旋转	
M04	主轴逆时针旋转	
M05	主轴停	
M06	更换刀具	在机床数据有效时用 M06 更换刀具，其他情况下直接用 T 指令进行

十、坐标旋转指令

指令格式：ROT　RPL = __；

AROT　RPL = __；

指令说明：RPL = __；是旋转的角度。

ROT 是在原默认坐标系下旋转的角度。

AROT 是在已旋转的坐标系下再接着旋转的角度。

例如：ROT RPL = 45；意思是不管以前旋转与否，都是在原初始坐标系下旋转45°。

AROT RPL = 45；意思是以前有旋转，在现在的坐标系下继续旋转45°。

不管是在 G17、G18、G19 哪个平面下，都是逆时针旋转为正。

十一、钻孔循环指令

数控加工中，某些加工动作循环已经典型化。例如，钻孔、镗孔的动作顺序是孔位平面定位、快速引进、工作进给、快速退回等，这样一系列典型的加工动作已经预先编好程序，存储在内存中，可用包含 CYCLE 代码的一个程序段调用，从而简化编程工作。这种包含了典型动作循环的 CYCLE 代码称为循环指令。常见的有 CYCLE 82 钻孔循环指令、CYCLE 83 钻深孔循环指令、CYCLE 84 攻螺纹循环指令等。

1. 钻孔循环指令 CYCLE 82

指令格式：CYCLE 82（RTP, RFP, SDIS, DP, DPR, DTB）；

指令说明：见表1—3—2。

表1—3—2　　　　　　　　　CYCLE 82 指令说明

指令	说明
RTP	返回平面（绝对）
RFP	参考平面（绝对值）
SDIS	安全间隙（输入时不带正负号）
DP	最后钻孔深度（绝对值）
DPR	相对于参考平面的最后钻孔深度（输入时不带正负号）
DTB	最后钻孔深度处的停留时间（断屑）

工作过程：刀具按照编程的主轴速度和进给率进行钻孔，直至最后钻孔深度。到达最后钻孔深度处允许停留时间。

工作流程：

（1）使用 G00 回到安全间隙之前的参考平面。

（2）按循环调用前所编程的进给率（G01）移动到最后的钻孔深度。

（3）在最后钻孔深度处的停留时间。

（4）使用 G00 返回到返回平面。

编程举例：

N10　G90 G54 G17 S300 M03；（工艺值的规定）

N20　D01 T01；

N30　G00　Z50；（回到返回平面）

N40　X0　Y10；（返回钻孔位置）

N50　CYCLE 82（3，1.1，2.4，-20，，3）；（具有最后钻孔深度绝对值和安全间隙的循环调用）

N60　M02；（程序结束）

2. 钻深孔循环指令 CYCLE 83

指令格式：CYCLE 83（RTP，RFP，SDIS，DP，DPR，FDEP，FDPR，DAM，DTB，DTS，FRF，VARI）；

指令说明：见表 1—3—3。

表 1—3—3　　　　　　　　　　　CYCLE 83 指令说明

指令	说明
RTP	返回平面（绝对）
RFP	参考平面（绝对值）
SDIS	安全间隙（输入时不带正负号）
DP	最后钻孔深度（绝对值）
DPR	相对于参考平面的最后钻孔深度（输入时不带正负号）
FDEP	起始钻孔深度（绝对值）
FDPR	相对于参考平面的起始钻孔深度（输入时不带正负号）
DAM	递减量（输入时不带正负号）
DTB	最后钻孔深度处的停留时间（断屑）
DTS	起始点处和用于排屑的停留时间
FRF	起始钻孔深度的进给系数（输入时不带正负号）值域：0.001~1
VARI	0 断屑加工，1 排屑加工

工作流程：

（1）使用 G00 回到安全间隙之前的参考平面。

（2）使用 G01 移动到起始钻孔深度，进给率来自程序调用中的进给率，它取决于参数 FRF（进给系数）。

（3）钻孔深度处的停留时间（参数 DTB）。

（4）使用 G00 返回到安全间隙之前的参考平面，用于排屑。

（5）起始点的停留时间（参数 DTS）。

（6）使用 G00 回到上次到达的钻孔深度，并保持预留量距离。

（7）使用 G01 钻削到下一个钻孔深度（持续动作直至最后钻孔深度）。

（8）使用 G00 退回到返回平面。

编程举例：

N10 G17 G54 G90 F5 S500 M04；（工艺值的规定）

N20 D01 T06；

N30 G00 Z50；（回到返回平面）

N40 X00 Y40；（返回钻孔位置）

N50 CYCLE 83（3.3，0，0，-80，0，-10，0，0，0，0，1，0）；（调用循环，深度参数的值为绝对值）

N60 M02；（程序结束）

3. 攻螺纹循环指令 CYCLE 84

指令格式：CYCLE 84（RTP，RFP，SDIS，DP，DPR，DTB，SDAC，MPIT，PIT，POSS，SST，SST1）；

指令说明：见表 1—3—4。

表 1—3—4　　　　　　　　　　CYCLE 84 指令说明

指令	说明
RTP	返回平面（绝对）
RFP	参考平面（绝对值）
SDIS	安全间隙（输入时不带正负号）
DP	最后钻孔深度（绝对值）
DPR	相对于参考平面的最后钻孔深度（输入时不带正负号）
DTB	螺纹深度处的停留时间（断屑）
SDAC	循环结束后的旋转方向值：3、4 或 5（用于 M03、M04 或 M05）
MPIT	螺距作为螺纹尺寸（有符号） 数值范围：3（用于 M3）~48（用于 M48）；符号决定了在螺纹中的旋转方向
PIT	螺距作为数值（无符号） 数值范围：0.001~2000.000 mm
POSS	循环中定位主轴停止的位置，以度（°）为单位
SST	攻螺纹速度
SST1	退回速度

工作流程：

（1）使用 G00 回到安全间隙之前的参考平面。

（2）定位主轴停止（值在参数 POSS 中）以及将主轴转换为进给轴模式。

（3）攻螺纹至最终钻孔深度，速度为 SST。

（4）螺纹深度处的停留时间（参数 DTB）。

（5）退回到安全间隙前的参考平面，速度为 SST1 且方向相反。

（6）使用 G00 退回到返回平面；通过在循环调用前重新编程有效的主轴速度以及 SDAC 下编程的旋转方向，从而改变主轴模式。

编程举例：

N10 G17 G90 G54；

N20 T06 D01；（工艺值的规定）

N30 G00 X0 Y40；（返回钻孔位置）

N40 CYCLE 84（4，0，2，，30，，3，5，，90，200，500）；（循环调用；已忽略 PIT 参数；未给绝对深度或停留时间输入数值；主轴在 90°位置停止；攻螺纹速度是 200 mm/min，退回速度是 500 mm/min）

N50 M02；（程序结束）

思考与练习

1. 数控机床编程时需要注意哪几个主要问题？

2. 试述数控程序的主要结构。

3. 试述数控机床坐标系建立的原则。

4. 试述机床参考点、机床原点、机床坐标系之间的区别。

5. 试述 G90、G91 指令的区别。

6. 试述 G00、G01 指令格式。使用时二者有何区别？

7. 试述 G02、G03 指令格式。

8. 试述刀具半径补偿指令的格式。

9. 试述常用的辅助功能指令。

10. 试述坐标旋转指令的格式。

11. 试述常用的钻孔循环指令格式。

模块二

西门子808D数控加工中心的操作

本模块主要介绍西门子 808D 数控系统的基本操作，通过本模块的学习，学习者可以学会西门子 808D 数控系统的回零操作、手动操作、MDA 操作，能够在数控机床上编辑出合格的数控加工程序，并利用自动操作完成数控零件的加工。

模块目标

1. 掌握西门子 808D 系统数控机床的操作面板。
2. 掌握手动操作的几种方法。
3. 掌握程序输入与编辑的方法。
4. 能够熟练地进行程序的调试与运行。

项目一　安全操作

一、紧急停止

如果按下机床操作面板上的急停按钮，机床的运动会立即停止。该按钮按下后会被锁住。尽管由于机床设计的不同，按钮的形式不同，但通常该按钮可以通过旋转而解锁。

二、超程

当刀具试图移动到由机床限位开关设定的行程终点以外时，刀具会由于限位开关的动作而减速并最后停止，并显示 OVER TRAVEL（超程），如图 2—1—2 所示。

1. 自动运行时的超程

在自动运行方式过程中，当刀具沿某一轴移动接触到限位开关时，沿所有轴的运动会减速并最后停止，同时显示超程报警。

2. 手动操作时的超程

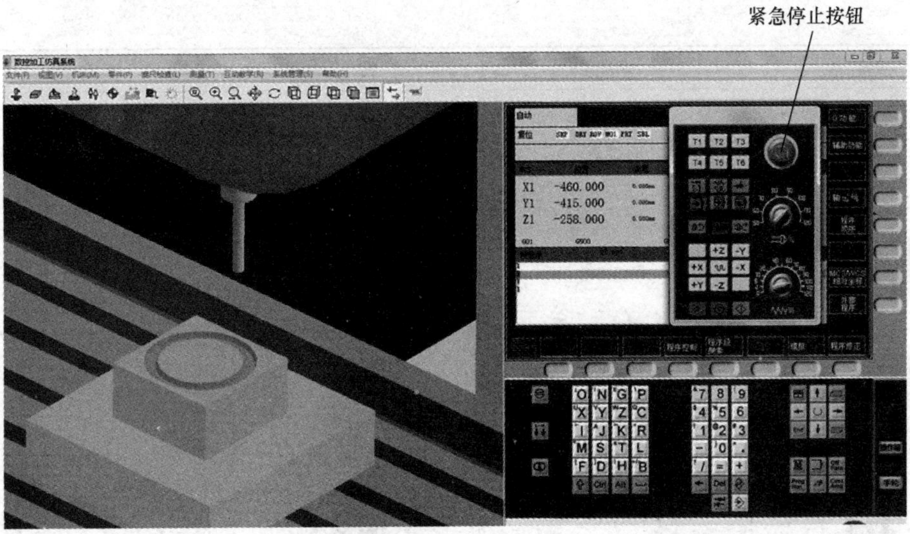

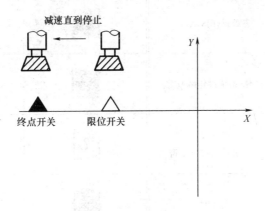

紧急停止按钮

图 2—1—1　西门子 808D 系统数控立式加工中心操作面板

减速直到停止

终点开关　　限位开关

图 2—1—2　超程

在手动操作过程中，刀具仅在接触到限位开关的轴上减速并停止。刀具沿其他轴的运动仍然进行。

项目二　熟悉 808D 操作面板

一、数控系统的控制面板（见表 2—2—1）

表 2—2—1　　　　　数控系统控制面板的按钮、按键及功能

按键	功能	按键	功能
 ALARM CANCEL	报警应答键	 CHANNEL	通道转换键

续表

按键	功能	按键	功能
(HELP)	信息键	(NEXT WINDOW)	未使用
(PAGE UP / PAGE DOWN)	翻页键	(END)	结束键
(◀ ▲ ▶ ▼)	光标键	(SELECT)	选择/转换键
(M POSITION)	加工操作区域键	(PROGRAM)	程序操作区域键
(OFFSET PARAM)	参数操作区域键	(PROGRAM MANAGER)	程序管理操作区域键
(SYSTEM ALARM)	报警/系统操作区域键	(CUSTOM)	用户键
(0)	字母键 上档键转换对应字符	(7)	数字键 上档键转换对应字符
(SHIFT)	上档键	(CTRL)	控制键
(ALT)	替换键	(␣)	空格键
(BKSPACE)	退格删除键	(DEL)	删除键
(INSERT)	插入键	(TAB)	制表键
(INPUT)	回车/输入键		

二、机床操作面板（见图2—2—1和表2—2—2）

图 2—2—1　机床操作面板

表 2—2—2　　　　　　　　　　机床操作按钮

按键	功能	按键	功能
	增量选择键		点动
	参考点		自动方式
	单段		手动数据输入
	主轴正转		主轴反转
	主轴停	+X -X	X 轴点动
+Z -Z	Z 轴点动		快进键
+Y -Y	Y 轴点动		数控停止
	复位键		数控启动

三、功能键和软键（见图2—2—2）

自动	0030 急停							钻中心孔
	SKP DRV ROV M01 PRT SBL							钻削沉孔
WCS	位置	再定位偏移		工艺数据				深钻孔
X	-650.000	0.000	mm	T 1	D	1		
Y	-280.000	0.000	mm	F 0.000	100%			镗孔
				0.000	mm/min			
Z	0.000	0.000	mm	S1 60.0	100%			攻丝
A	0.000		°	60.0				
								取消模态
								孔框式
	基本设定	测量工件	测量刀具					设置

菜单软键

图2—2—2 系统显示屏

显示屏右侧和下方的灰色方块为菜单软键，按下软键，可以进入软键左侧或上方对应的菜单。有些菜单下有多级子菜单，进入子菜单后，可以通过单击"返回"软键，返回上一级菜单。

项目三 手动操作

一、手动返回参考点（见图2—3—1）

刀具按照机床操作面板上的每一轴的参考点返回。刀具以快速移动速度移动到减速点，然后以 FL（下限速度）速度移动到参考点。刀具从参考点返回时四种快速移动的倍率有效。当刀具回到参考点后，参考点返回完毕指示灯亮。刀具通常只沿一个轴的方向移动，但也可以沿三轴同时移动。

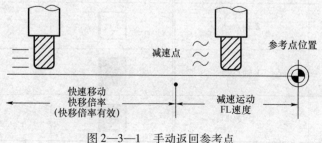

图2—3—1 手动返回参考点

操作步骤:

1. 按下方式选择开关的参考点返回开关。

2. 为降低移动速度,按下快速移动倍率选择开关。当刀具已经回到参考点后,参考点返回完毕指示灯亮。

3. 按下轴和方向的选择开关,选择要返回参考点的轴和方向。持续按下这一开关直到刀具返回参考点。如果在相应的参数中进行设置,刀具也可以沿着三个轴同时返回参考点。刀具以快速移动速度移动到减速点,然后以参数中设置的"FL"速度移动到参考点。

4. 如果有必要,执行其他轴的参考点返回操作。

二、手动连续进给 JOG（见图 2—3—2）

在"JOG"方式中,持续按下操作面板上的进给轴及其方向选择开关,会使刀具沿着所选轴的所选方向连续移动。"JOG"进给速度在机床参数中设定。"JOG"进给速度可以通过倍率旋钮进行调整。按下快速移动开关会使刀具以快速移动速度移动,而不管"JOG"倍率旋钮的位置,该功能叫作手动快速移动。手动操作一次通常移动一个轴,也可以通过参数设置同时移动三个轴。

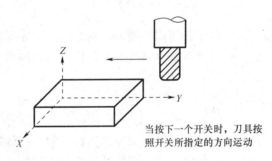

当按下一个开关时,刀具按照开关所指定的方向运动

图 2—3—2 手动连续进给操作

操作步骤:

1. 按下方式选择开关的手动连续"JOG"选择开关。

2. 通过进给轴和方向选择开关,选择将要使刀具沿其移动的轴及其方向。按下该开关时,刀具以参数指定的速度移动;释放开关,移动停止。

3. "JOG"进给速度可以通过"JOG"进给速度的倍率旋钮进行调整。

4. 按下进给轴和方向选择开关的同时,按下快速移动开关,刀具会以快移速度移动。在快速移动过程中,快速移动倍率开关有效。

三、增量进给（见图 2—3—3）

按下机床控制面板上的"增量选择"键,系统处于增量进给运行方式;设定增量倍率;按一下"＋X"或"－X"键,X 轴将向正向或负向移动一个增量值;依同样方法,按下"＋Y""－Y""＋Z""－Z"键,使 Y、Z 轴向正向或负向移动一个增量值;再按一次点动键可以去除步进增量方式。单击"设置"下方的软键,显示如下窗口,可以在这里设定"JOG"进给率、增量值等。

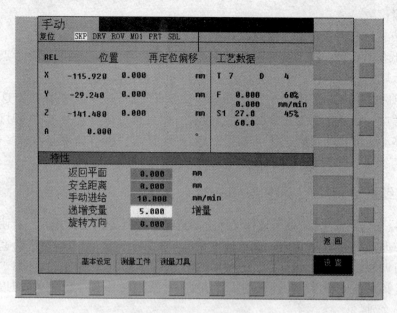

图2—3—3 增量值设定

使用光标键移动光标，将光标定位到需要输入数据的位置。光标所在区域为白色高光显示。如果刀具清单多于一页，可以使用翻页键进行翻页；单击数控系统面板上的数字键，输入数值；单击输入键确认。

四、手轮进给（见图2—3—4）

在手轮进给方式中，刀具可以通过旋转机床操作面板上的手摇脉冲发生器微量移动。使用手轮进给轴选择开关选择要移动的轴。当手摇脉冲发生器旋转一个刻度时，刀具移动的最小距离与最小输入增量相等。当手摇脉冲发生器旋转一个刻度时，刀具移动的距离可以放大10倍或者由参数指定倍数。

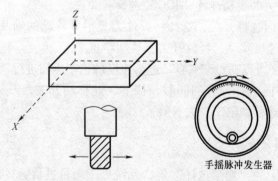

图2—3—4 手轮进给

操作步骤：

1. 按下方式选择的手轮方式选择开关。

2. 按下手轮进给轴选择开关，选择刀具要移动的轴。

3. 通过手轮进给放大倍数开关选择刀具移动距离的放大倍数。旋转手摇脉冲发生器一个刻度时，刀具移动的最小距离等于最小输入增量（倍数为 1 时）。

4. 旋转手轮，可以以手轮转向对应的增量移动刀具。例如，手轮旋转 360° 时，刀具移动的距离相当于 100 个刻度（手摇脉冲发生器）的对应值。

> **特别提示：**
>
> 1. 在较大的倍率（比如 ×100）下旋转手轮可能会使刀具移动太快，进给速度被限制在快速移动速度值。
>
> 2. 请按 5 r/s 以下的速度旋转手轮。如果手轮旋转的速度超过了 5 r/s，刀具有可能在手轮停止旋转后还不能停止下来或者刀具移动的距离与手轮旋转的刻度不符。

项目四　程序输入与编辑

一、进入程序管理方式（见图 2—4—1）

1. 单击程序管理操作区域键 **PROGRAM MANAGER** 。

2. 单击程序下方的软键 程序 。

3. 显示屏显示零件程序列表。

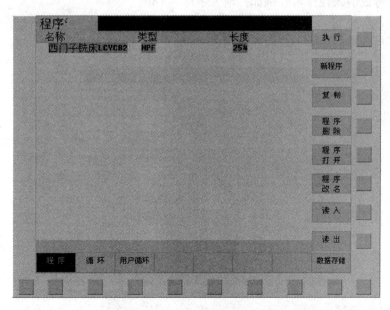

图 2—4—1　程序管理界面

二、程序管理软键（见表2—4—1）

表 2—4—1 程序管理软键

按键	功能
新程序	输入新程序
复 制	把选择的程序复制到另一个程序中
程 序 删 除	删除程序
程 序 打 开	打开程序
程 序 改 名	更改程序名

三、输入新程序（见图2—4—2）

1. 按下 新程序 。
2. 使用字母键输入程序名。例如，输入字母：AA01。
3. 按"确认"软键。如果按"中断"软键，则刚才输入的程序名无效。
4. 这时零件程序清单中显示新建立的程序。

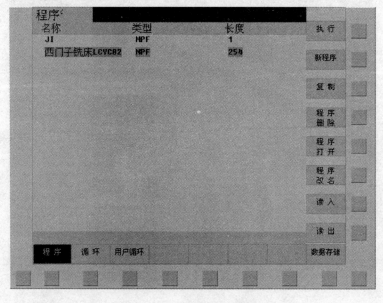

图2—4—2 新程序的输入

四、编辑当前程序

当零件程序不处于执行状态时，可以进行编辑。

1. 单击程序操作区域键 ⬜。

2. 单击编辑下方的软键 ▣，打开当前程序。

3. 使用面板上的光标键和功能键进行编辑。

4. 删除：使用光标键，将光标落在需要删除的字符前，按删除键 DEL 删除错误的内容；或者将光标落在需要删除的字符后，按退格删除键 ← 进行删除。

项目五　程序调试与运行

一、进入自动运行方式（见图 2—5—1）

1. 按下系统控制面板上的自动方式键 ⬜，系统进入自动运行方式。

2. 显示屏上显示自动方式窗口，显示位置、主轴值、刀具值以及当前的程序段。

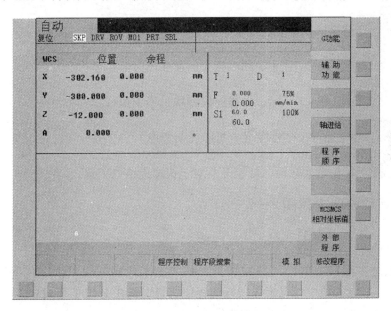

图 2—5—1　自动方式窗口

二、自动运行软键（图 2—5—2）

1. 单击自动方式窗口下方菜单栏上的"程序控制"软键 ▣。

2. 显示屏右侧出现程序控制菜单的下一级菜单。

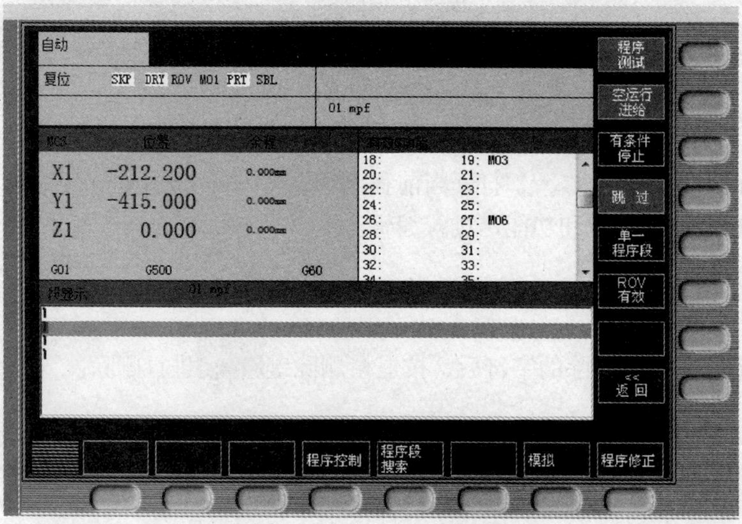

图 2—5—2　程序控制软键

3. 按下 程序测试 键后，所有到进给轴和主轴的给定值被禁止输出，此时给定值区域显示当前运行数值，相当于机床锁住。

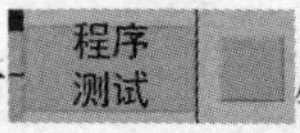

4.  空运行进给 进给轴以空运行设定数据中的设定参数运行。

5. 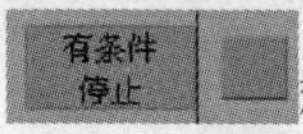 有条件停止 程序在运行到有 M01 指令的程序段时停止运行。

6.  跳过 前面有 "/" 标志的程序段将跳过不予执行。

7.  单一程序段 每运行一个程序段，机床就会暂停。

8.  ROV 有效 按快速修调键，修调开关对于快速进给也生效。

三、选择和启动程序（见图 2—5—3）

1. 按下自动方式键  。

2. 选择系统主窗口菜单栏 "数控加工" — "加工代码" — "读取代码"，弹出 Windows 文件窗口，在计算机中选择事先做好的程序文件，选中并按下窗口中的 "打开" 键将其打开，这时显示窗口会显示该程序的内容。

3. 按数控启动键  ，系统执行程序。

4. 停止：按数控停止键  ，可以停止正在加工的程序；再按数控启动键  ，就能恢复被停止的程序。

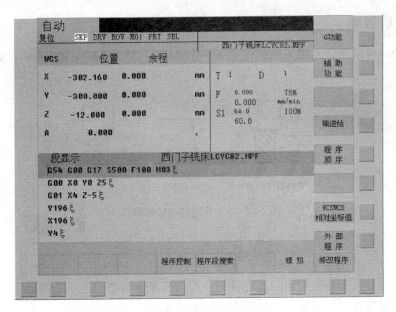

图 2—5—3 显示程序的内容

5. 中断：按复位键 ，可以中断程序加工；再按数控启动键 ，程序将从头开始执行。

四、进给倍率（见图 2—5—4）

编程的进给速度可以通过倍率旋钮进行选择，按照一定的百分数增加或者减少。这个特点可以用于检查程序。例如，如果程序中指定了 100 mm/min 的进给速度，并将倍率旋钮上的箭头指向 50%，则刀具的移动速度变为 50 mm/min。

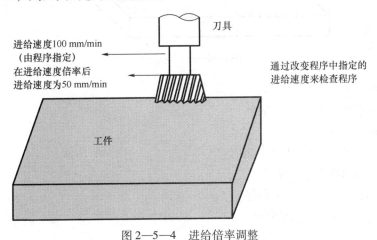

图 2—5—4 进给倍率调整

注意：加工螺纹时进给倍率被忽略，进给速度不变，保持为程序中的指定值。

五、快速移动倍率

快速移动时可以指定 4 级不同的倍率 F，分别是 0、25%、50% 和 100%，如图 2—5—5 所示。

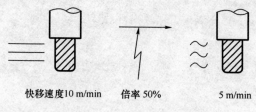

快移速度10 m/min　　倍率 50%　　　　5 m/min

图 2—5—5　快速移动倍率调整

六、空运行

空运行是指刀具按参数指定的速度移动，而与程序中指令的进给速度无关。该功能用于机床不装工件时检查刀具的运动，如图 2—5—6 所示。

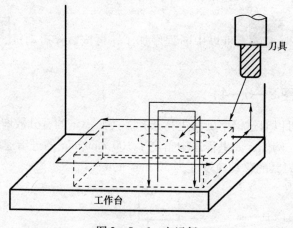

刀具

工作台

图 2—5—6　空运行

思考与练习

1. 紧急停止按钮是什么颜色的？
2. 如何解除手动超程？
3. 试述操作面板上各个键的含义。
4. 试述手动操作的几种方式。
5. 试述如何输入和编辑一个程序。
6. 试述如何安全运行一个新程序。

模块三

平面加工训练

模块目标

1. 掌握平面铣削的方法。
2. 掌握平面铣削的编程方法和工艺制定。
3. 掌握垂直面的铣削方法。

项目一　垂直面加工

一、项目描述

本项目为完成如图 3—1—1 所示垂直面的加工。

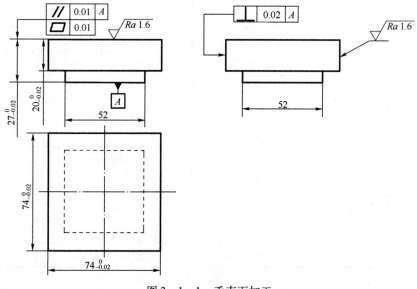

图 3—1—1　垂直面加工

二、加工工艺分析（见表 3—1—1）

表 3—1—1　　　　　　　　　加工工艺分析

加工工艺卡片	零件名称	零件图号	材料
×××（单位）	垂直面	图 3—1—1	45 钢调质
序号	工序	工序内容	备注
1	工件坐标系设定	设定工件坐标系在工件中心	
2	铣削表面	铣削工件上表面	
3	粗加工	粗加工 74 mm×74 mm 的外轮廓	
4	精加工	粗加工 74 mm×74 mm 的外轮廓	
5	铣削表面	铣削工件下表面	
6	对刀	利用百分表精确对刀	
7	粗加工	粗加工 52 mm×52 mm 的外轮廓	
8	精加工	精加工 52 mm×52 mm 的外轮廓	
编制	校对	日期　　　年　月　日	审核

三、材料、工具、量具和刀具（见表 3—1—2）

表 3—1—2　　　　　　　　材料、工具、量具和刀具清单

种类	序号	名称	规格	数量
材料		45 钢调质	80 mm×80 mm×30 mm	1 件
工具	1	机床用平口虎钳		1 个
	2	垫铁		若干
	3	塑胶锤子		1 个
	4	扳手		1 个
	5	寻边器		若干
	6	对刀仪		1 个
量具	1	百分表及磁性表座		1 套
	2	游标卡尺	0~125 mm	1 把
	3	游标深度尺	0~200 mm	1 把
刀具	1	键槽铣刀	φ20 mm	2 把
	2	键槽铣刀	φ16 mm	2 把
	3	盘形铣刀	根据实际情况自备	1 把

四、操作步骤

1. 准备工作

（1）阅读零件图（见图3—1—1），检查毛坯尺寸，无误后安装到机床上（见图3—1—2）。

（2）开机，机床回参考点。

（3）输入并检查程序。

（4）安装刀具，设定工件坐标系。

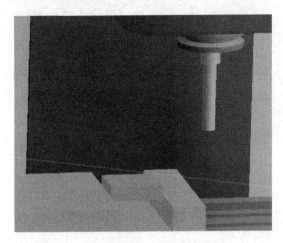

图3—1—2 装夹工件

2. 使用盘形铣刀加工工件的上表面（见图3—1—3）。

图3—1—3 铣削上表面

3. 采用直径20 mm的键槽铣刀粗加工74 mm×74 mm四周，采用直径16 mm的键槽铣刀精加工74 mm×74 mm四周（参考程序KAICU01），如图3—1—4所示。

4. 使用盘形铣刀加工工件的下表面，如图3—1—5所示。

5. 采用直径20 mm的键槽铣刀粗加工52 mm×52 mm四周，采用直径16 mm的键槽铣刀精加工52 mm×52 mm四周（见图3—1—6，参考程序JING01）。

图 3—1—4　粗加工

图 3—1—5　加工下表面

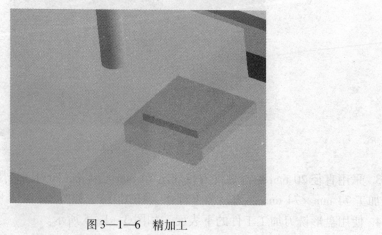

图 3—1—6　精加工

五、参考程序

1. 盘形铣刀加工采用手动方式。
2. 粗、精加工成形采用同一个程序。
3. 粗、精铣 74 mm×74 mm 四周程序。

KAICU01；
G54 G17 G90；（确定工件坐标系）
T01 D01；（确立刀号和刀补号）
M03 S1600；（主轴转速根据实际加工的材料和刀具材料来确定）
G00 X－50 Y－50 Z100.；
Z10；
G01 Z－5 F300；（加工深度从－5 到－10、－15、－20）
G42 G01 Y－37 X37.；
Y37；
X－37；
Y－50；
G40 X－50；
G00 Z100；
M05；
M30；

4. 粗、精铣 52 mm×52 mm 四周程序。

JING01；
G54 G17 G90；（确定工件坐标系）
T02 D02；（确立刀号和刀补号）
M03 S1600；（主轴转速根据实际加工的材料和刀具材料来确定）
G00 X－40 Y－40 Z100；
Z10；
G01 Z－7 F300；
G01 G42 Y－26；
X26；
Y26；
X－26；
Y－40；
G40 X－40；
G00 Z100；
M05；
M30；

六、质量控制

1. 尺寸不合格

$74_{-0.02}^{0}$ mm $\times 74_{-0.02}^{0}$ mm：要保证这个外轮廓尺寸，应将粗加工和精加工区分；同时，粗加工之后的余量不宜过大也不宜过小，单边 $0.3 \sim 0.5$ mm 即可。

2. 几何公差不合格

要保证零件图的几何公差，应从机床精度、夹具和对刀过程来保证。

3. 表面粗糙度不合格

表面粗糙度不合格的原因有：切削参数设置不合理；刀具太长，引起振动。

七、考核标准（见表 3—1—3）

表 3—1—3 考核标准

考核项目	项目名称		配分	评分标准	编号	
	考核要求		配分	评分标准	检测结果	得分
现场操作规范	1	工具的正确使用	2	违反规定不得分		
	2	量具的正确使用	2	违反规定不得分		
	3	刀具的合理使用	2	违反规定不得分		
	4	设备的正确操作及维护和保养	4	违反规定扣 $2 \sim 4$ 分		
工序制定及编程	1	工序制定合理，选择刀具正确	10	违反规定扣 $3 \sim 10$ 分		
	2	指令应用合理、得当、正确	15	指令错误扣 $5 \sim 15$ 分		
	3	程序格式正确，符合工艺要求	15	工艺不符合规定扣 $5 \sim 15$ 分		
尺寸精度	1	$74_{-0.02}^{0}$ mm，两处	10	超差不得分		
	2	$27_{-0.02}^{0}$ mm	10	超差不得分		
	3	$20_{-0.02}^{0}$ mm	10	超差不得分		
	4	52 mm	5	超差不得分		
几何公差	1	∥ | 0.01 | A	5	超差不得分		
	2	⊥ | 0.02 | A	5	超差不得分		
	3	▱ | 0.01	5	超差不得分		
其他		按时完成		超时 $\leqslant 15$ min 扣 5 分		
				15 min $<$ 超时 $\leqslant 30$ min 扣 15 分		
				超时 >30 min 不计分		
总配分			100	总分		
加工时间		3 h		监考		
开始时间		结束时间		日期		
其他情况				备注		

评分人：　　　年　月　日　　　　　核分人：　　　年　月　日

八、相关知识

1. 刀具类型的选择

（1）立铣刀。立铣刀包括端面立铣刀、球头立铣刀和 R 角立铣刀等，而端面立铣刀在平面轮廓加工中使用最为普遍。立铣刀按端部切削刃的不同可分为过中心刃和不过中心刃两种，过中心刃立铣刀可直接轴向进刀；按螺旋角大小大致可分为 30°、40°、60° 等几种形式；按齿数可分为粗齿、中齿、细齿三种。立铣刀的圆柱表面和端面上都有切削刃，它们可同时进行切削，也可单独进行切削。

（2）键槽铣刀。键槽铣刀有两个齿，圆柱面和端面都有切削刃，端面延至中心，也可以把它看成是立铣刀的一种。按国家标准规定，直柄键槽铣刀 $d = 2 \sim 22$ mm，锥柄键槽铣刀 $d = 14 \sim 50$ mm。键槽铣刀直径偏差有 e8 和 d8 两种。键槽铣刀的圆周切削刃仅是靠近端面的一小段长度内发生摩擦，重磨时，只需刃磨端面切削刃，因此重磨后铣刀直径不变。键槽铣刀铣削键槽时，一般先轴向进给达到槽深，然后沿键槽方向铣出键槽全长。由于切削力引起刀具和工件变形，一次走刀铣出的键槽形状误差较大。为此，通常采用两步法铣削键槽，即先用小号铣刀粗加工出键槽，然后精加工四周以获得最佳的精度。

2. 刀具主要参数的选择

轮廓铣削最常用的刀具为立铣刀，下面主要对立铣刀的尺寸和刀齿数量的选择进行说明。

（1）立铣刀的尺寸。轮廓铣削加工中，需要考虑的立铣刀尺寸因素包括立铣刀直径、立铣刀长度、螺旋槽长度。

尽量选用直径大的立铣刀，因为直径大的刀具抗弯强度大，加工中不容易引起受力弯曲和振动，但应注意立铣刀的刀具半径一定要小于零件内轮廓的最小曲率半径，一般取最小曲率半径的 0.8 ~ 0.9 倍。另外，刀具伸出的长度也要认真考虑，伸出的长度越长，抗弯强度越小，受力弯曲程度大，将会影响加工质量，并容易产生振动，加速切削刃的磨损。不管刀具总长如何，螺旋槽的长度（1.5D 左右）决定切削的最大深度。实际应用中一般让 Z 方向的吃刀深度不超过刀具半径；直径较小的立铣刀，一般可选刀具直径的 1/3 作为背吃刀量。

（2）刀齿数量。选择立铣刀时，尤其是加工中等硬度工件材料时，刀齿数量的考虑应引起重视。

小直径或中等直径的立铣刀，通常有 2 个、3 个和 4 个齿（或更多的刀齿）。被加工工件的材料类型和加工性质往往是选择刀齿数量的决定因素。在加工塑性大的材料时，如铝、镁等，为了避免产生积屑瘤，常用刀齿少的立铣刀，如两齿（两个螺旋槽）的立铣刀。立铣刀刀齿少，螺旋槽之间的容屑空间较大，可避免在切削量较大时产生积屑瘤。加工较硬的材料刚好相反，因为它需要考虑另外两个因素——刀具颤振和刀具偏移。在加工脆性材料时，选择多齿立铣刀会减小刀具的颤振和偏移，因为刀齿多，容屑槽减小，刀具心部实体直径增大，刚度好，切削平稳。对小直径或中等直径的立铣刀，三齿立铣刀兼有两齿刀具与四齿刀具的优点，加工性能好。

（3）螺旋角。立铣刀螺旋角有 30°、45°、60° 等。螺旋角对刀具的寿命、加工精度等有较大影响，应根据加工条件和要求，选取刀具螺旋角。一般来说，螺旋角较大的立铣刀实际前角大，刃口锋利，切入性好；切向切削阻力小，能量消耗和刀具变形较小，切削轻快；切削刃与被切削面的接触点多，使立铣刀切入和切出时比较平稳。但工件侧面的垂直度误差随螺旋角增大而增大。45°螺旋角应用较普遍，对于钛合金、镍合金、不锈钢等难切削材料和高硬度钢等的加工推荐使用 60°螺旋角。

项目二 阶梯面加工

一、项目描述

本项目为完成如图 3—2—1 所示的阶梯面的加工。

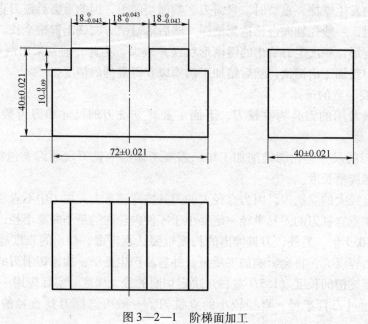

图 3—2—1 阶梯面加工

二、加工工艺分析（见表 3—2—1）

表 3—2—1   加工工艺分析

加工工艺卡片		零件名称	零件图号		材料
×××（单位）		阶梯面	图 3—2—1		45 钢调质
序号	工序		工序内容		备注
1	对刀		设定工件坐标系 G54		
2	铣削表面		铣削工件上表面		
3	粗加工		粗加工 72 mm×40 mm		
4	精加工		精加工 72 mm×40 mm		

加工工艺卡片		零件名称	零件图号		材料
×××（单位）		阶梯面	图3—2—1		45 钢调质
序号	工序		工序内容		备注
5	铣削表面		铣削工件下表面		
6	对刀		利用百分表精确对刀		
7	粗加工		粗加工 72 mm×40 mm		
8	精加工		精加工 72 mm×40 mm		
9	粗加工		粗加工两个凸台		
10	精加工		精加工两个凸台		
编制		校对	日期	年 月 日	审核

三、材料、工具、量具和刀具（见表3—2—2）

表 3—2—2　　　　　　　　　材料、工具、量具和刀具清单

种类	序号	名称	规格	数量
材料		45 钢调质	75 mm×45 mm×45 mm	1 件
工具	1	机床用平口虎钳		1 个
	2	垫铁		若干
	3	塑胶锤子		1 个
	4	扳手		1 个
	5	寻边器		若干
	6	对刀仪		1 个
量具	1	百分表及磁性表座		1 套
	2	游标卡尺	0~125 mm	1 把
	3	游标深度尺	0~200 mm	1 把
	4	外径千分尺	0~25 mm	1 把
	5	外径千分尺	50~75 mm	1 把
刀具	1	键槽铣刀	ϕ16 mm	2 把
	2	键槽铣刀	ϕ12 mm	2 把
	3	盘形铣刀	根据实际情况自备	1 把

四、操作步骤

1. 准备工作

（1）阅读零件图（见图 3—2—1），检查毛坯尺寸，确认无误后安装到机床上（见图 3—2—2）。

（2）开机，机床回参考点。

（3）输入并检查程序。

（4）安装刀具，设定工件坐标系。

2. 使用盘刀加工工件的上表面，如图 3—2—3 所示。

3. 采用直径 16 mm 的键槽铣刀粗加工 72 mm×40 mm 四周，采用直径 12 mm 的键槽铣

刀精加工72 mm×40 mm 四周（参考程序 SIZHOU 01），如图3—2—4 所示。

4. 使用盘形铣刀加工工件的下表面，如图3—2—5 所示。

5. 采用直径16 mm 的键槽铣刀粗加工两个凸台，采用直径12 mm 的键槽铣刀精加工两个凸台，如图3—2—6 所示，参考程序为 TUTAI02。

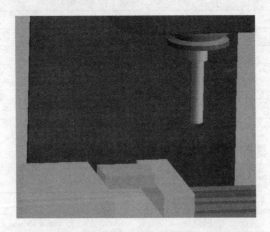

图3—2—2　工件装夹

图3—2—3　使用盘形铣刀加工工件的上表面

图3—2—4　采用直径16 的键槽铣刀粗加工，采用直径12 的键槽铣刀精加工

图 3—2—5 使用盘形铣刀加工工件的下表面

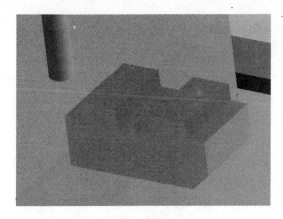

图 3—2—6 采用直径 16 的键槽铣刀粗加工两个凸台，
采用直径 12 的键槽铣刀精加工两个凸台

五、参考程序

1. 盘形铣刀加工采用手动方式。

2. 粗、精加工成形采用同一个程序。

3. 粗、精铣 72 mm×40 mm 四周程序。

SIZHOU01；

G54 G17 G90；（确定工件坐标系）

M03 S1600；（主轴转速根据实际加工的材料和刀具材料来确定）

T01 D01；

G00 X－50 Y－30 Z100；

Z10；

G01 Z－5 F300；（加工深度从－5 到－10、－15、－20、－25、－30、－35）

G01 G42 Y－20；

X36；

Y20；

X－36；

Y－20；

G40 X－50；

G00 Z100；

M05；

M30；

4. 粗、精铣 18 mm×40 mm 凸台程序。

TUTAI02；

G54 G17 G90；（确定工件坐标系，原点在凸台中心）

M03 S1600；（主轴转速根据实际加工的材料和刀具材料来确定）

T01 D01；

G00 X－40 Y－40 Z100；

Z10；

G01 Z－10 F300；

G01 G42 Y－20；

X9；

Y20；

X－9；

Y－40；

G40 X－40；

G00 Z100；

M05；

M30；

六、质量控制

1. 尺寸不合格

$72_{-0.021}^{+0.021}$ mm×$40_{-0.021}^{+0.021}$ mm：要保证这个外轮廓尺寸，应将粗加工和精加工区分；同时，粗加工之后的余量不宜过大也不宜过小，单边 0.3～0.5 mm 即可。

两个 $18_{-0.043}^{0}$ mm，1 个 $18_{0}^{+0.043}$ mm：在编辑程序的时候可以将公差编辑到程序内；同时，在加工时要保证粗加工和精加工使用的是不同刀具，还有留下的余量值不同，在粗加工结束之后，一定要用千分尺测量工件，根据测量的尺寸修改参数值，再进行精加工。

2. 表面粗糙度不合格

表面粗糙度不合格的原因有：切削参数设置不合理；刀具太长，引起振动。

七、考核标准（见表3—2—3）

表3—2—3　　　　　　　　　考核标准

项目名称				编号	
考核项目		考核要求	配分	评分标准	检测结果	得分
现场操作规范	1	工具的正确使用	2	违反规定不得分		
	2	量具的正确使用	2	违反规定不得分		
	3	刀具的合理使用	2	违反规定不得分		
	4	设备的正确操作及维护和保养	4	违反规定扣2~4分		
工序制定及编程	1	工序制定合理，选择刀具正确	10	违反规定扣3~10分		
	2	指令应用合理、得当、正确	15	指令错误扣5~15分		
	3	程序格式正确，符合工艺要求	15	工艺不符合规定扣5~15分		
尺寸精度	1	$72^{+0.021}_{-0.021}$ mm	10	超差不得分		
	2	$40^{+0.021}_{-0.021}$ mm	10	超差不得分		
	3	$10^{0}_{-0.09}$ mm	10	超差不得分		
	4	$18^{0}_{-0.043}$ mm，两处	10	超差不得分		
	5	$18^{+0.043}_{0}$ mm	10	超差不得分		
其他		按时完成		超时≤15 min：扣5分		
				15 min <超时≤30 min：扣15分		
				超时>30 min：不计分		
总配分			100	总分		
加工时间		3 h		监考		
开始时间		结束时间		日期		

评分人：　　　　年　月　日　　　　　　核分人：　　　　年　月　日

思考与练习

一、判断题（下列判断正确的在题后括号内打"√"，错误的在题后括号内打"×"）

1. 精加工时，使用切削液的目的是降低切削温度，起到冷却作用。 （　　）

2. 直线插补指令，用F指定的速度是沿着直线移动的刀具速度。 （　　）

3. M08指令表示冷却液打开。 （　　）

4. F值给定的进给速度在执行过G00之后就无效。 （　　）

5. G00指令中可以不加F也能进行快速定位。 （　　）

6. 辅助功能又称G功能。 （　　）

7. 准备功能也称M功能。 （　　）

8. M00 指令属于准备功能字指令，含义是主轴停转。 （　　）

9. 在数控系统中，F 地址字只能用来表示进给速度。 （　　）

10. 在 G00 程序段中，不需编写 F 指令。 （　　）

11. 通常机床空运行 5 min 以上，使机床达到热平衡状态。 （　　）

12. 在 CRT/MDI 面板的功能键中，用于程序编制的是"POS"键。 （　　）

13. 进入自动加工状态，屏幕上显示的是加工刀尖在编程坐标系中的绝对坐标值。（　　）

14. CNC 装置的显示主要是为操作者提供方便，通常有零件程序的显示、参数显示、道具位置显示、报警显示等。 （　　）

15. 数控机床中 MDI 是机床诊断智能化的英文缩写。 （　　）

二、单项选择题（下列每题的备选项中，只有 1 个是正确的，请将正确答案的字母填入括号内）

1. 编程中设定定位速度 $F1 = 5\,000$ mm/min，切削速度 $F2 = 100$ mm/min，如果参数键中设置进给速度倍率为 80%，则实际速度是（　　）。

    A. $F1 = 4\,000$ mm/min，$F2 = 80$ mm/min   B. $F1 = 5\,000$ mm/min，$F2 = 100$ mm/min

    C. $F1 = 5\,000$ mm/min，$F2 = 80$ mm/min   D. 以上都不对

2. 用硬质合金铣刀精铣时，为了降低工件的表面粗糙度值，应尽量提高铣刀的（　　）。

    A. 进给量   B. 背吃刀量   C. 切削速度

3. 国际上广泛应用（　　）（国际标准组织）制定的 G 代码和 M 代码标准。

    A. ITO   B. WHO   C. WTO   D. ISO

4. 当接通电源时，数控机床执行储存于计算机中的（　　）指令，机床主轴不会自动旋转。

    A. M05   B. M04   C. M03   D. M90

5. CNC 中（　　）用于控制机床各种辅助功能开关。

    A. S 代码   B. T 代码   C. M 代码   D. H 代码

6. 进给功能又称（　　）功能。

    A. F   B. M   C. S   D. T

7. 程序中的主轴功能也称（　　）。

    A. G 指令   B. M 指令   C. T 指令   D. S 指令

8. 程序的最后必须标明程序代码（　　）。

    A. M06   B. M20   C. M02   D. G02

9. G01 为直线插补指令，程序段中 F 规定的速度为（　　）。

    A. 单轴的直线移动速度   B. 合成速度   C. 曲线进给切向速度

10. 数控准备功能又称 G 功能，它是建立机床或控制系统工作方式的一种命令，它由地址符 G 及其后的（　　）数字组成。

    A. 四位   B. 三位   C. 两位   D. 一位

参考答案

一、判断题

1. × 2. √ 3. √ 4. × 5. √ 6. × 7. × 8. × 9. × 10. √ 11. √ 12. ×
13. √ 14. √ 15. ×

二、单项选择题

1. C 2. C 3. D 4. A 5. C 6. A 7. D 8. C 9. B 10. C

模块四

轮廓加工

模块目标

1. 掌握平面轮廓铣削加工的方法。
2. 掌握平面轮廓铣削加工工艺的制定方法。
3. 掌握平面轮廓铣削加工的切入、切出方法。

项目一　多边形加工

一、项目描述

本项目为完成如图4—1—1所示的多边形零件的加工。

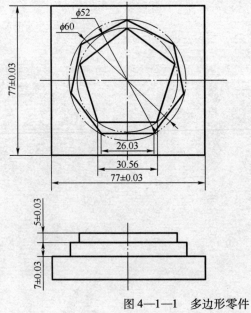

图4—1—1　多边形零件

二、加工工艺分析（见表4—1—1）

表4—1—1　　　　　　　　　　加工工艺分析

加工工艺卡片	零件名称	零件图号		材料
×××（单位）	多边形零件	图4—1—1		45 钢调质
序号	工序	工序内容		备注
1	对刀	设定工件坐标系 G54		
2	铣削表面	铣削工件上表面		
3	粗加工	粗加工 77 mm×77 mm 外轮廓		
4	精加工	精加工 77 mm×77 mm 外轮廓		
5	铣削表面	铣削工件下表面		
6	对刀	利用百分表精确对刀		
7	粗加工	粗加工七边形		
8	精加工	精加工七边形		
9	粗加工	粗加工五边形		
10	精加工	精加工五边形		
编制		校对	日期　年　月　日	审核

三、材料、工具、量具和刀具（见表4—1—2）

表4—1—2　　　　　　　　材料、工具、量具和刀具清单

种类	序号	名称	规格	数量
材料		45 钢调质	80 mm×80 mm×30 mm	1件
工具	1	机床用平口虎钳		1个
	2	垫铁		若干
	3	塑胶锤子		1个
	4	扳手		1个
	5	寻边器		若干
	6	对刀仪		1个
	7	Z 轴设定器	50 mm	1个
量具	1	百分表及磁性表座		1套
	2	游标卡尺	0～125 mm	1把
	3	游标深度尺	0～200 mm	1把
刀具	1	键槽铣刀	$\phi20$ mm	2把
	2	键槽铣刀	$\phi12$ mm	2把
	3	盘形铣刀	根据实际情况自备	1把

四、操作步骤

1. 准备工作

（1）阅读零件图（见图4—1—1），检查毛坯尺寸，确认无误后安装到机床上（见图4—1—2）。

（2）开机，机床回参考点。

（3）输入并检查程序。

（4）安装刀具，设定工件坐标系。

2. 使用盘形铣刀加工工件的上表面，如图4—1—3所示。

3. 周铣轮廓如图4—1—4所示。

4. 使用盘形铣刀加工工件的下表面，如图4—1—5所示。

5. 粗、精铣正七边形，如图4—1—6所示。

6. 粗、精铣正五边形，如图4—1—7所示。

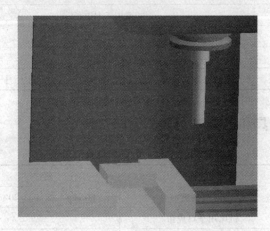

图4—1—2　工件装夹

图4—1—3　用盘形铣刀加工上表面

图 4—1—4　周铣轮廓

图 4—1—5　加工下表面

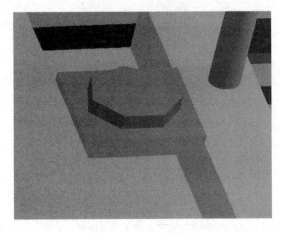

图 4—1—6　正七边形加工

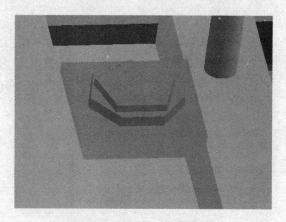

图 4—1—7　正五边形加工

五、查点坐标（见图4—1—8）

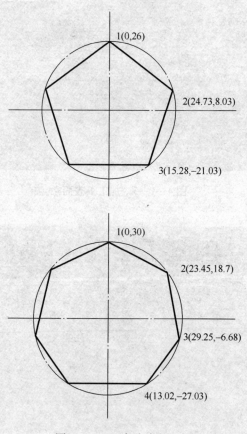

图 4—1—8　各个点的坐标

六、参考程序

1. 盘形铣刀加工采用手动方式。

2. 粗、精加工成形采用同一个程序。

3. 粗、精铣 77 mm×77 mm 正方形程序（O0001）。

G54 G17 G90；

M03 S1000；

T01 D01；

G00 X−50 Y−50 Z100；

Z10；

G01 Z−5 F300；

G01 G42 Y−38.5 X38.5；

Y38.5；

X−38.5；

Y−50；

G40 X−50；

G00 Z100 M05；

M30；

4. 粗、精铣正七边形程序。

G54 G17 G90；

M03 S1000；

T01 D01；

G00 X−40 Y−40 Z100；

Z10；

G01 Z−6 F300；（第二次下刀深度为 12 mm）

G01 G42 Y−27.03；

X13.02；

X29.25 Y−6.68；

X23.45 Y18.7；

X0 Y30；

X−23.45 Y18.7；

X−29.25 Y−6.68；

X−13.02 Y−27.03；

X40；

G40 Y−40；

G00 Z100；

M05；

M30；

5. 粗、精铣正五边形程序。

G54 G17 G90；

M03 S1000；

T01 D01；

G00 X－40 Y－40 Z100；

Z10；

G01 Z－5 F300；

G01 G42 Y－21.03；

X15.28；

X24.73 Y8.03；

X0 Y26；

X－24.73 Y8.03；

X－15.28 Y－21.03；

X40；

G40 Y－40；

G00 Z100；

M05；

M30；

七、质量控制

1. 尺寸不合格

$77^{+0.03}_{-0.03}$ mm×$77^{+0.03}_{-0.03}$ mm：正反面铣削时，要求保证两面同心；同时，要将粗加工和精加工区分，粗加工之后的余量不宜过大也不宜过小，单边 0.3～0.5 mm 即可。

深度值：为了确保深度值在规定的范围内，要在粗加工之后，给精加工留 0.3 mm 左右厚的深度，以便于精加工，但是在精加工之前，一定要用游标深度尺测量当前的深度，修改合理的参数，再进行加工。

2. 表面粗糙度不合格

表面粗糙度不合格的原因有：切削参数设置不合理；刀具太长，引起振动。

八、考核标准（见表 4—1—3）

表 4—1—3 考核标准

考核项目		项目名称			编号	
		考核要求	配分	评分标准	检测结果	得分
现场操作规范	1	工具的正确使用	2	违反规定不得分		
	2	量具的正确使用	2	违反规定不得分		
	3	刀具的合理使用	2	违反规定不得分		
	4	设备的正确操作及维护和保养	4	违反规定扣2～4分		

续表

考核项目	项目名称			编号	
	考核要求	配分	评分标准	检测结果	得分
工序制定及编程 1	工序制定合理，选择刀具正确	10	违反规定扣 3 ~ 10 分		
2	指令应用合理、得当、正确	15	指令错误扣 5 ~ 15 分		
3	程序格式正确，符合工艺要求	15	工艺不符合规定扣 5 ~ 15 分		
尺寸精度 1	$77^{+0.03}_{-0.03}$ mm	10	超差不得分		
2	$26^{+0.03}_{-0.03}$ mm	10	超差不得分		
3	$7^{+0.03}_{-0.03}$ mm	10	超差不得分		
4	$5^{+0.03}_{-0.03}$ mm	10	超差不得分		
5	$\phi60$ mm	5	超差不得分		
6	$\phi52$ mm	5	超差不得分		
其他	按时完成		超时≤15 min 扣 5 分		
			15 min＜超时≤30 min 扣 15 分		
			超时＞30 min 不计分		
总配分		100	总分		
加工时间		4 h	监考		
开始时间		结束时间	日期		
其他情况			备注		

评分人：　　　年 月 日　　　　　核分人：　　　年 月 日

九、相关知识

1. 三角函数相关知识

在△ABC 中（见图 4—1—9），∠C 为直角，把锐角 A 的对边与斜边的比叫作∠A 的正弦，记作 sinA。

$$\sin A = \frac{\angle A\ 的对边}{斜边} \quad \cos A = \frac{\angle A\ 的邻边}{斜边}$$

$$\tan A = \frac{\angle A\ 的对边}{\angle A\ 的邻边}$$

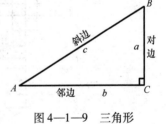

图 4—1—9　三角形

若把∠A 的对边 BC 记作 a，邻边 AC 记作 b，斜边 AB 记作 c，则 $\sin A = \frac{a}{c}$，$\cos A = \frac{b}{c}$，$\tan A = \frac{a}{b}$。

2. 特殊角的三角函数值（见表 4—1—4）

表 4—1—4　　　　　　　　特殊角的三角函数值

三角函数	30°	45°	60°
$\sin\alpha$	$\frac{1}{2}$	$\frac{\sqrt{2}}{2}$	$\frac{\sqrt{3}}{2}$
$\cos\alpha$	$\frac{\sqrt{3}}{2}$	$\frac{\sqrt{2}}{2}$	$\frac{1}{2}$
$\tan\alpha$	$\frac{\sqrt{3}}{3}$	1	$\sqrt{3}$

项目二　多层轮廓加工

一、项目描述

本项目为完成如图 4—2—1 所示多层轮廓加工。

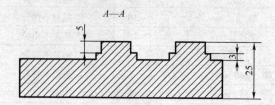

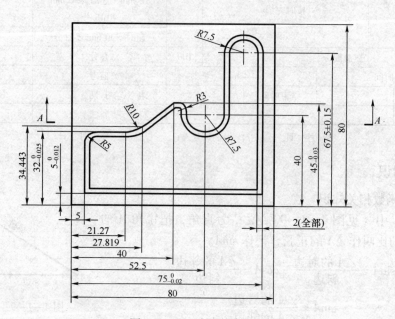

图 4—2—1　多层轮廓加工

二、加工工艺分析（见表 4—2—1）

表 4—2—1　　　　　　　　加工工艺分析

加工工艺卡片		零件名称	零件图号	材料
×××（单位）		多层轮廓	图 4—2—1	45 钢调质
序号	工序	工序内容		备注
1	对刀	设定工件坐标系 G54		
2	铣削表面	铣削工件上表面		
3	粗加工	粗加工 80 mm×80 mm 外轮廓		

加工工艺卡片		零件名称	零件图号	材料
×××（单位）		多层轮廓	图4—2—1	45钢调质
序号	工序		工序内容	备注
4	精加工		精加工80 mm×80 mm外轮廓	
5	铣削表面		铣削工件下表面	
6	对刀		利用百分表精确对刀	
7	粗加工		粗加工80 mm×80 mm外轮廓	
8	精加工		精加工80 mm×80 mm外轮廓	
9	粗加工		粗加工第一个凸台	
10	粗加工		粗加工第二个凸台	
11	精加工		精加工第一个凸台	
12	精加工		精加工第二个凸台	
13	余量去除		去除多余的余量	
编制		校对	日期　　年　月　日	审核

三、材料、工具、量具和刀具（见表4—2—2）

表4—2—2　　　　　　　材料、工具、量具和刀具清单

种类	序号	名称	规格	数量
材料		45钢调质	80 mm×80 mm×25 mm	1件
工具	1	机床用平口虎钳		1个
	2	垫铁		若干
	3	塑胶锤子		1个
	4	扳手		1个
	5	寻边器		若干
	6	对刀仪		1个
	7	Z轴设定器	50 mm	1个
量具	1	百分表及磁性表座		1套
	2	游标卡尺	0～125 mm	1把
	3	游标深度尺	0～200 mm	1把
	4	外径千分尺	0～25 mm	1把
	5	外径千分尺	50～75 mm	1把
刀具	1	键槽铣刀	$\phi14$ mm	2把
	2	键槽铣刀	$\phi12$ mm	2把
	3	盘形铣刀	根据实际情况自备	1把

四、操作步骤

1. 准备工作

（1）阅读零件图（见图 4—2—1），检查毛坯尺寸，确认无误后安装到机床上（见图 4—2—2）。

（2）开机，机床回参考点。

（3）输入并检查程序。

（4）安装刀具，设定工件坐标系。

2. 铣工件外轮廓如图 4—2—3 所示。

3. 铣工件上层轮廓如图 4—2—4 所示。

4. 去除余料如图 4—2—5 所示。

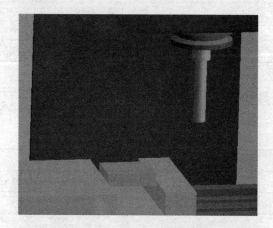

图 4—2—2　工件装夹

图 4—2—3　铣工件外轮廓

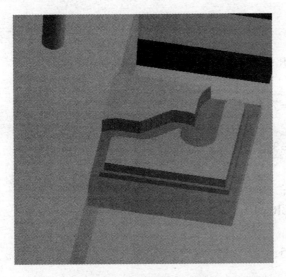

图 4—2—4 铣工件上层轮廓

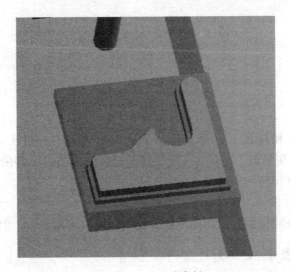

图 4—2—5 去除余料

五、参考程序

WAILUNKUO01；

G54 G17 G90；

M03 S1000；

T01 D01；

G00 X－20 Y－20 Z100；

Z10；

G01 Z－4 F300；（分两次下刀，第二次下刀深度为 8 mm）

G42 Y5；

X75；

Y67.5；

G03 X60 Y67.5 CR=7.5；

G01 Y40；

G02 X45 Y40 CR=7.5；

G01 Y42；

G03 X42 Y45 CR=3；

G01 X40；

X27.819 Y34.443；

G02 X21.27 Y32 CR=10；

G01 X10；

G03 X5 Y27 CR=5；

G01 Y-20；

G40 X-20；

G00 Z100；

M05；

M30；

六、质量控制

1. 尺寸不合格

首先，要将粗加工和精加工区分，粗加工之后的余量不宜过大也不宜过小，单边为0.3~0.5 mm；其次，在粗加工之后，一定要用千分尺测量当时工件的尺寸值，根据测量的数据修改参数值，再进行精加工。

2. 表面粗糙度不合格

表面粗糙度不合格的原因有：切削参数设置不合理；刀具太长，引起振动。

七、考核标准（见表4—2—3）

表4—2—3 考核标准

项目名称					编号	
考核项目		考核要求	配分	评分标准	检测结果	得分
现场操作规范	1	工具的正确使用	2	违反规定不得分		
	2	量具的正确使用	2	违反规定不得分		
	3	刀具的合理使用	2	违反规定不得分		
	4	设备的正确操作及维护和保养	4	违反规定扣2~4分		
工序制定及编程	1	工序制定合理，选择刀具正确	10	违反规定扣3~10分		
	2	指令应用合理、得当、正确	15	指令错误扣5~15分		
	3	程序格式正确，符合工艺要求	15	工艺不符合规定扣5~15分		

续表

考核项目	项目名称			评分标准	编号	
	考核要求		配分		检测结果	得分
尺寸精度	1	80 mm	8	超差不得分		
	2	$67.5^{+0.15}_{-0.15}$ mm	6	超差不得分		
	3	$45^{0}_{-0.03}$ mm	6	超差不得分		
	4	$75^{0}_{-0.02}$ mm	6	超差不得分		
	5	$32^{0}_{-0.025}$ mm	6	超差不得分		
	6	$5^{0}_{-0.012}$ mm	6	超差不得分		
	7	$R7.5$ mm	6	超差不得分		
	8	$R3$ mm	6	超差不得分		
其他	按时完成			超时≤15 min 扣5分		
				15 min＜超时≤30 min 扣15分		
				超时＞30 min 不计分		
总配分			100	总分		
加工时间		4 h		监考		
开始时间		结束时间		日期		
其他情况				备注		

评分人： 年 月 日 核分人： 年 月 日

思考与练习

一、判断题（下列判断正确的在题后括号内打"√"，错误的在题后括号内打"×"）

1. 当使用半径补偿时，编程按工件实际尺寸加上刀具半径来计算。 （ ）

2. 偏移量可以在偏置量存储器中设定（32 个或者 64 个），地址为 M。 （ ）

3. 刀具半径尺寸补偿指令的起点不能写在 G02、G03 程序段中，即必须在直线插补方式中加 G41 或者 G42。 （ ）

4. 使用刀具半径尺寸补偿时，CNC 中自动使用了一个指令寄存器，但刀具半径补偿缓冲寄存器中的内容不能显示，加工中用 CRT 监视程序执行情况要考虑到这一点。 （ ）

5. 补偿号的地址码为 D。D 代码是模拟态，一经指定后一直有效，必须由另一个 M 代码来取代或者使用 G41 或者 G42 来取消。 （ ）

6. D 代码的数据有正负符号，当 D 代码的数据为正时，G41 往前进的左方偏置，G42 往前进的右方偏置；当 D 代码的数据为负时，G41 往前进的右方偏置，G42 往前进的左方偏置。 （ ）

7. 更换刀具时，一般应取消原来的补偿量；也可在需要的程序段内写上新的补偿号，在该程序段内就失去了与原补偿号对应的补偿量的变化。 （ ）

8. 顺序选刀方式具有不需要刀具识别装置，驱动控制简单的特点。 （ ）

9. 在数控铣床上，铣刀中心的轨迹与工件的实际尺寸的距离多用半径补偿的方式来设

定，补偿量为刀具的半径值。　　　　　　　　　　　　　　　　　　（　　）

10. G41 为刀具右侧半径补偿，G42 为刀具左侧半径补偿。　　　　（　　）

11. G41 或 G42 程序段内，必须有 G01 功能及对应的坐标参数才能有效，以建立刀补。
　　　　　　　　　　　　　　　　　　　　　　　　　　　　　　　（　　）

12. 刀具半径补偿功能主要是针对刀位点在圆心位置上的刀具而设定的，它根据实际尺寸进行自动补偿。　　　　　　　　　　　　　　　　　　　　　　（　　）

二、单项选择题（下列每题的备选项中，只有 1 个是正确的，请将正确答案的字母填入括号内）

1. 对刀元件用于确定（　　）之间所应具有的相互位置。
   A. 机床与夹具　　　B. 夹具与工件　　　C. 夹具与刀具　　　D. 机床与工件

2. 刀具号由 T 后面的（　　）数字指定。
   A. 一位　　　　　　B. 两位　　　　　　C. 三位　　　　　　D. 四位

3. 在程序段"N2000 G92 G01 X50 Y30 Z20 F500 S600 T02 M03;"中 T02 表示（　　）。
   A. 选择 2 号刀　　　B. 刀具功能　　　　C. 刀具功能字　　　D. 刀具

4. 在数控铣床上，铣刀中心的轨迹与工件的实际尺寸之间的距离多用（　　）的方式来设定。
   A. 直径补偿　　　　B. 半径补偿　　　　C. 相对补偿　　　　D. 圆弧补偿

5. 刀具半径尺寸补偿指令的起点不能写在（　　）程序段中。
   A. G00　　　　　　B. G02/G03　　　　C. G01

6. 刀具半径右补偿指令是（　　）。
   A. G40　　　　　　B. G41　　　　　　C. G42　　　　　　D. G39

7. 应用刀具半径补偿功能时，如刀补值设置为负值，则刀具轨迹是（　　）。
   A. 左补　　　　　　　　　　　　　　B. 右补
   C. 不能补偿　　　　　　　　　　　　D. 左补变右补，右补变左补

8. 在数控铣床上铣一个正方形零件（外轮廓），如果使用的铣刀直径比原来小 1 mm，则计算加工后的正方形尺寸差（　　）。
   A. 小 1 mm　　　　B. 小 0.5 mm　　　C. 大 1 mm　　　D. 大 0.5 mm

参考答案

一、判断题

1. ×　2. ×　3. √　4. √　5. ×　6. √　7. √　8. √　9. √　10. ×　11. √　12. √

二、单项选择题

1. C　2. B　3. A　4. B　5. B　6. C　7. D　8. C

模块五

槽 类 加 工

模块目标

1. 掌握型腔程序的编制方法。
2. 掌握制定型腔加工工艺的方法。
3. 掌握型腔加工走刀路线的安排。
4. 做到安全文明生产。

项目一　凹形槽加工

一、项目描述

本项目为完成如图5—1—1所示的矩形型腔的加工。

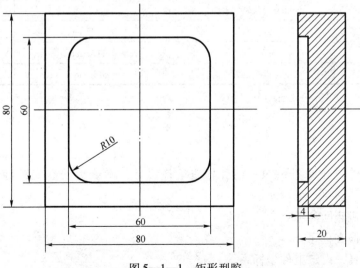

图5—1—1　矩形型腔

1. 技术要求：表面光滑无毛刺，尺寸精度要求为 ±0.01 mm，表面粗糙度要求为 Ra3.2 mm。
2. 合理确定加工工艺，正确选择进刀和退刀路线；正确装夹工件，保证不发生变形。

二、加工工艺分析（见表 5—1—1）

表 5—1—1 加工工艺分析

加工工艺卡片		零件名称	零件图号		材料
×××（单位）		矩形型腔	图 5—1—1		45 钢调质
序号	工序		工序内容		备注
1	加工准备		安装工件，找正并设定工件原点		
2	粗加工		采用 φ16 mm 键槽铣刀粗铣型腔，单边留 0.5 mm 余量		
3	精加工		采用 φ16 mm 键槽铣刀精铣型腔至图样要求		
4	去余量		去除多余余量		
编制		校对	日期	年 月 日	审核

三、材料、工具、量具和刀具（见表 5—1—2）

表 5—1—2 材料、工具、量具和刀具清单

种类	序号	名称	规格	数量
材料		45 钢调质	80 mm×80 mm×20 mm	1 件
工具	1	机床用平口虎钳		1 个
	2	垫铁		若干
	3	塑胶锤子		1 个
	4	扳手		1 个
	5	寻边器		若干
	6	对刀仪		1 个
量具	1	百分表及磁性表座		1 套
	2	游标卡尺	0～125 mm	1 把
	3	游标深度尺	0～125 mm	1 把
刀具		键槽铣刀	φ16 mm	2 把

四、操作步骤

1. 准备工作

（1）阅读零件图（见图 5—1—1），检查毛坯尺寸，确认无误后安装到机床上（见图 5—1—2）。

（2）开机，机床回参考点。

（3）输入并检查程序。

（4）安装刀具，设定工件坐标系。

2. 加工型腔如图 5—1—3 所示。

3. 去除余料如图 5—1—4 所示。

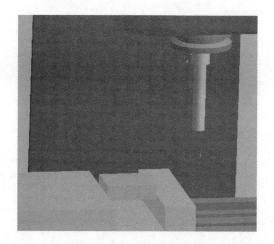

图 5—1—2　工件装夹

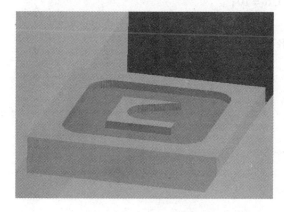

图 5—1—3　加工型腔

图 5—1—4　去除余料

五、参考程序

```
G54 G17 G90；
M03 S1000；
T01 D01；
G00 X0 Y0 Z100；
Z10；
G01 Z - 4 F200；
G01 G41 X30；
Y20；
G03 X20 Y30 CR = 10；
G01 X - 20；
G03 X - 30 Y20 CR = 10；
G01 Y - 20；
G03 X - 20 Y - 30 CR = 10；
G01 X20；
G00 X30 Y - 20 CR = 10；
G01 Y10；
G40 X0 Y0；
G01 Z10；
G00 Z100；
M05；
M30；
```

六、质量控制

1. 尺寸不合格

（1）粗、精加工要分开，加工余量要合理，粗加工余量控制在 0.5 ~ 0.8 mm 之间。

（2）刀具选用要合理，粗、精加工刀具要分开，粗加工完成后，根据实测值改写刀具半径补偿值，再进行精加工。

2. 表面粗糙度不合格

表面粗糙度不合格的原因有：

（1）切削参数设置不合理。

（2）刀具不锋利。

（3）机床工艺系统振动，工件装夹不牢固引起振动。

（4）刀具太长，刚度差。

七、考核标准（见表5—1—3）

表5—1—3　　　　　　　　　　　　考核标准

项目名称				编号	
考核项目		考核要求	配分	评分标准	检测结果	得分
现场操作规范	1	工具的正确使用	2	违反规定不得分		
	2	量具的正确使用	2	违反规定不得分		
	3	刀具的合理使用	2	违反规定不得分		
	4	设备的正确操作及维护和保养	4	违反规定扣2~4分		
工序制定及编程	1	工序制定合理，选择刀具正确	10	违反规定扣3~10分		
	2	指令应用合理、得当、正确	15	指令错误扣5~15分		
	3	程序格式正确，符合工艺要求	15	工艺不符合规定扣5~15分		
尺寸精度	1	80 mm	10	超差不得分		
	2	60 mm	10	超差不得分		
	3	4 mm	10	超差不得分		
	4	$R10$ mm	20	超差不得分		
其他		按时完成		超时≤15 min 扣5分		
				15 min < 超时≤30 min 扣15分		
				超时 >30 min 不计分		
总配分			100	总分		
加工时间		2 h		监考		
开始时间		结束时间		日期		
其他情况				备注		

评分人：　　　年 月 日　　　　核分人：　　　年 月 日

项目二　对称槽加工

一、项目描述

本项目为完成如图5—2—1所示的条形型腔的加工。

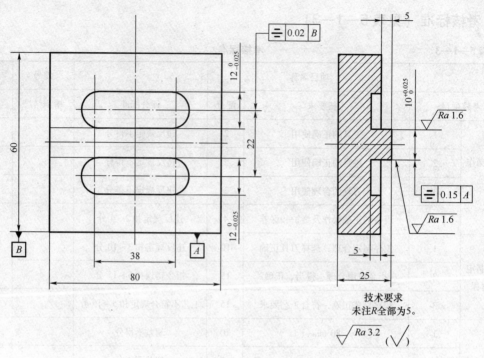

图 5—2—1 条形型腔

要求：

1. 考核时间：2 h。

2. 编写出合理的加工工艺、加工程序，并且保证工件的各项尺寸精度。

二、加工工艺分析（见表 5—2—1）

表 5—2—1 加工工艺分析

加工工艺卡片		零件名称	零件图号		材料
×××（单位）		条形型腔	图 5—2—1		45 钢调质
序号	工序	工序内容			备注
1	加工准备	安装工件，找正并设定工件原点			
2	粗加工凸台	采用 φ20 mm 键槽铣刀粗加工中间方形凸台，单边留 0.5 mm 余量			
3	精加工凸台	实测粗加工尺寸，用 φ20 mm 键槽铣刀精加工中间方形凸台			
4	去除余量	φ20 mm 键槽铣刀去除顶层多余余量			
5	凹槽加工	φ10 mm 键槽铣刀分别粗、精加工两侧凹槽			粗、精刀具分开
编制		校对	日期	年 月 日	审核

三、材料、工具、量具和刀具（见表5—2—2）

表 5—2—2　　　　　　　材料、工具、量具和刀具清单

种类	序号	名称	规格	数量
材料		45 钢调质	80 mm×60 mm×25 mm	1 件
工具	1	机床用平口虎钳		1 个
	2	垫铁		若干
	3	塑胶锤子		1 个
	4	扳手		1 个
	5	寻边器		若干
	6	对刀仪		1 个
量具	1	百分表及磁性表座		1 套
	2	游标卡尺	0～125 mm	1 把
	3	游标深度尺	0～125 mm	1 把
	4	千分尺	0～25 mm	1 把
刀具	1	键槽铣刀	ϕ20 mm	2 把
	2	键槽铣刀	ϕ10 mm	2 把

四、操作步骤

1. 准备工作

（1）阅读零件图（见图5—2—1），检查毛坯尺寸，确认无误后安装到机床上（见图5—2—2）。

（2）开机，机床回参考点。

（3）输入并检查程序。

（4）安装刀具，设定工件坐标系。

2. 加工中间轮廓如图5—2—3 所示。

3. 铣削键槽如图5—2—4 所示。

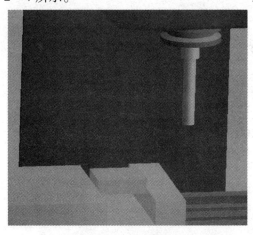

图 5—2—2　安装工件

图 5—2—3　加工中间轮廓

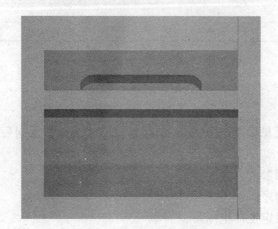

图 5—2—4　铣削键槽

五、参考程序

ZHONGJIANLUNKUO；
G54 G17 G90；
M03 S1000；
T01 D01；
G00 X – 60 Y – 60 Z100；
Z10；
G01 Z – 5 F200；
G01 G41 X – 40；
Y5；
X40；

Y－5；

X－60；

G40 Y－60；

G00 Z100；

M05；

M30；

JIANCAO01；

G54 G17 G90；

M03 S1000；

T01 D01；

G00 X0 Y11 Z100；

Z10；

G01 Z－10 F200；

G01 G41 Y5；

G01 X19；

G03 X19 Y17 CR＝6；

G01 X－19；

G03 X－19 Y5 CR＝6；

G01 X10；

G40 Y11；

G00 Z100；

M05；

M30；

六、质量控制

1. 尺寸不合格

（1）粗、精加工要分开，加工余量要合理，粗加工余量控制在 0.5～0.8 mm 之间。

（2）刀具选用要合理，粗、精加工刀具要分开，粗加工完成后，根据实测值修改刀具半径补偿值，再进行精加工。

2. 几何公差不合格

几何公差不合格的原因如下：

（1）工件没找正，装夹不合理。

（2）两槽加工走刀方向不一致。

（3）机床精度较低。

3. 表面粗糙度不合格

表面粗糙度不合格的原因如下：

（1）切削参数设置不合理。

（2）刀具不锋利。

（3）机床工艺系统振动，工件装夹不牢固引起振动。

（4）刀具太长，刚度差。

七、考核标准（见表5—2—3）

表5—2—3　　　　　　　　　　考核标准

考核项目		项目名称			编号	
		考核要求	配分	评分标准	检测结果	得分
现场操作规范	1	工具的正确使用	2	违反规定不得分		
	2	量具的正确使用	2	违反规定不得分		
	3	刀具的合理使用	2	违反规定不得分		
	4	设备的正确操作及维护和保养	4	违反规定扣2~4分		
工序制定及编程	1	工序制定合理，选择刀具正确	10	违反规定扣3~10分		
	2	指令应用合理、得当、正确	15	指令错误扣5~15分		
	3	程序格式正确，符合工艺要求	15	工艺不符合规定扣5~15分		
尺寸精度	1	宽度 $10^{+0.025}_{0}$ mm	8	每超差0.02 mm扣2分		
	2	高度25 mm	2	每超差0.02 mm扣2分		
	3	$12^{0}_{-0.025}$ mm，两处	12	每超差0.02 mm扣2分		
	4	R5 mm，8处	4	每超差0.02 mm扣2分		
	5	长度38.0 mm	4	每超差0.02 mm扣2分		
	6	深度5.0 mm	4	每超差0.02 mm扣2分		
表面粗糙度		Ra 1.6μm	4	超差不得分		
几何公差	1	对称度0.015 mm	6	超差不得分		
	2	对称度0.02 mm	6	超差不得分		
其他		按时完成		超时≤15 min 扣5分		
				15 min ＜超时≤30 min 扣15分		
				超时＞30 min 不计分		
总配分			100	总分		
加工时间		2 h		监考		
开始时间		结束时间		日期		
其他情况				备注		

评分人：　　　年　月　日　　　　核分人：　　　年　月　日

八、相关知识

1. 单开口槽的铣削

单开口槽加工方法：采用中心轨迹编程在开口方向直线入刀、出刀，垂直分层下刀铣削用改刀补的方式加工单开口槽，如图5—2—5所示。

2. 双开口槽的铣削（通槽）

双开口槽的铣削方法：采用中心轨迹编程在开口方向直线入刀、出刀，垂直分层下刀铣削用改刀补的方式加工双开口槽，如图5—2—6所示。

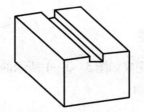

图5—2—5 单开口槽的铣削   图5—2—6 双开口槽的铣削

3. 键槽的铣削

键槽的铣削方法：在键槽内切线处采用圆弧入刀、圆弧出刀，可以用垂直分层下刀方式铣削键槽，如图5—2—7所示。

4. 半环形槽的铣削

半环形槽的加工方法：在键槽内切线处采用圆弧入刀、圆弧出刀，可以用垂直分层下刀方式铣削半环形槽，如图5—2—8所示。

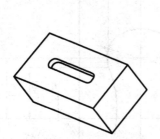

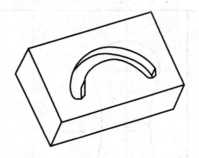

图5—2—7 键槽的铣削   图5—2—8 半环形槽的铣削

5. 环形槽的铣削

环形槽的铣削方法：采用中心轨迹编程，垂直分层下刀铣削用改刀补的方式加工环形槽，如图5—2—9所示，还可以用螺旋下刀方式加工环形槽，注意清根。

6. 异形轮廓槽的铣削

异形轮廓槽的铣削方法：在槽内找到某个切线处采用圆弧入刀、圆弧出刀，分层下刀铣削方式，如图5—2—10所示。

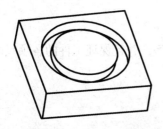

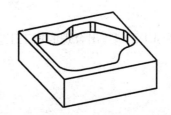

图5—2—9 环形槽的铣削   图5—2—10 异形轮廓槽的铣削

项目三　异形槽加工

一、项目描述

本项目为完成如图 5—3—1 所示的凹凸板的加工。

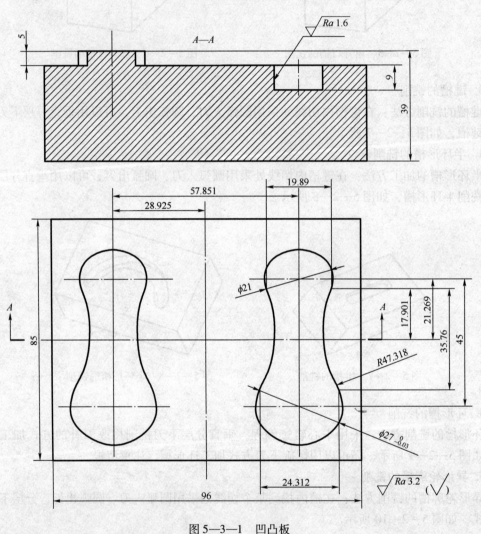

图 5—3—1　凹凸板

要求：

考核时间为 4 h，编写出合理的加工工艺、加工程序，并且保证工件的各项尺寸精度。

二、加工工艺分析（见表5—3—1）

表5—3—1   加工工艺分析

加工工艺卡片		零件名称	零件图号	材料
×××（单位）		凹凸板	图5—3—1	45钢调质
序号	工序	工序内容		备注
1	加工准备	安装工件，找正并设定工件原点		
2	粗、精铣凸台	用ϕ20 mm键槽铣刀粗、精加工左侧凸台，粗加工单边留0.5 mm余量，精加工根据实测值修改补偿值		
3	去除余量	用ϕ20 mm键槽铣刀去除顶层多余余量		
4	粗、精铣凹腔	用ϕ12 mm键槽铣刀粗、精加工右侧凹腔，粗加工单边留0.5 mm余量，精加工根据实测值修改补偿值		注意原点变换
编制		校对	日期 年 月 日	审核

三、材料、工具、量具和刀具（见表5—3—2）

表5—3—2   材料、工具、量具和刀具清单

种类	序号	名称	规格	数量
材料		45钢调质	96 mm×85 mm×39 mm	1件
工具	1	机床用平口虎钳		1个
	2	垫铁		若干
	3	塑胶锤子		1个
	4	扳手		1个
	5	寻边器		若干
	6	对刀仪		1个
量具	1	百分表及磁性表座		1套
	2	游标卡尺	0～125 mm	1把
	3	游标深度尺	0～125 mm	1把
刀具	1	键槽铣刀	ϕ20 mm	2把
	2	键槽铣刀	ϕ12 mm	2把

四、操作步骤

1. 准备工作

（1）阅读零件图（见图5—3—1），检查毛坯尺寸，确认无误后安装到机床上（见图5—3—2）。

（2）开机，机床回参考点。

（3）输入并检查程序。

（4）安装刀具，设定工件坐标系。

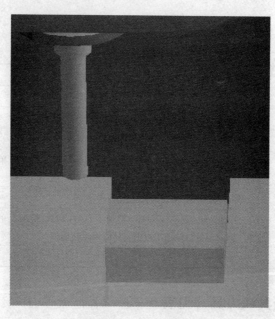

图 5—3—2　工件装夹

2. 设置工件编程零点

凸件和凹件如果选用同一个编程零点，计算起来会比较麻烦，所以我们选择了两个编程零点，以对称中心为基准零点，分别设置凸件和凹件的零点。

设置凸件编程零点的具体步骤为：基准零点不变，也就是工件对称中心的零点不变，计算出凸件的中心离对称中心的距离 $x = 28.925$。然后根据计算出的结果，输入到偏置里，因为在第二象限内，所以应输入 -28.925。

3. 采用直径 20 mm 的键槽铣刀粗、精加工凸形轮廓。

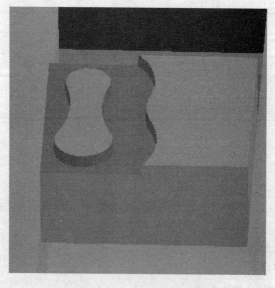

图 5—3—3　加工凸形轮廓

4. 采用直径20 mm的键槽铣刀去除零件表面余料（见图5—3—4，参考程序00001）。

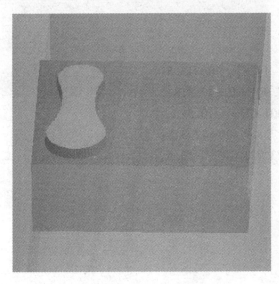

图5—3—4　去除余料

5. 采用直径12 mm的键槽铣刀粗、精加工凹形轮廓（见图5—3—5，参考程序00002）。

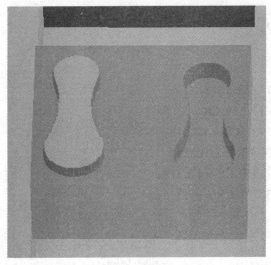

图5—3—5　加工凹形轮廓

五、参考程序

00001；
G54 G17 G90；
M03 S1000；
T01 D01；
G00 X－70 Y－70 Z100；

```
Z10；
G01 Z－5 F200；
G01 G41 X－13.5；
G01 Y－23.731；
G02 X－12.156 Y－17.859 CR＝13.5；
G03 X－9.945 Y17.901 CR＝47.318；
G02 X9.945 Y17.901 CR＝－10.5；
G03 X12.156 Y－17.859 CR＝47.318；
G02 X－13.5 Y－23.731 CR＝－13.5；
G01 Y0；
G40 X－70；
G00 Z100；
M05；
M30；
00002；
G54 G17 G90；
M03 S1000；
T01 D01；
G00 X0 Y－23 Z100；
Z10；
G01 Z－14 F200；
G01 G42 X－13.5 Y－23.731；
G02 X－12.156 Y－17.859 CR＝13.5；
G03 X－9.945 Y17.901 CR＝47.318；
G02 X9.945 Y17.901 CR＝－10.5；
G03 X12.156 Y－17.859 CR＝47.318；
G02 X－13.5 Y－23.731 CR＝－13.5；
G01 G40 X0；
Y22；
G00 Z100；
M05；
M30；
```

六、质量控制

1. 尺寸不合格

（1）粗、精加工要分开，加工余量要合理，粗加工余量控制在 0.5～0.8 mm 之间。

（2）刀具选用要合理，粗、精加工刀具要分开，粗加工完成后，根据实测值修改刀具半径补偿值，再进行精加工。

（3）编程坐标点错误也会导致尺寸不合格。

2. 表面粗糙度不合格

表面粗糙度不合格的原因如下：

（1）切削参数设置不合理，精加工应顺铣。

（2）刀具不锋利。

（3）机床工艺系统振动，工件装夹不牢固引起振动。

（4）刀具太长，刚度差。

七、考核标准（见表 5—3—3）

表 5—3—3 　　　　　　　　考核标准

考核项目		项目名称				编号	
		考核要求	配分	评分标准		检测结果	得分
现场操作规范	1	工具的正确使用	2	违反规定不得分			
	2	量具的正确使用	2	违反规定不得分			
	3	刀具的合理使用	2	违反规定不得分			
	4	设备的正确操作及维护和保养	4	违反规定扣 2 ~ 4 分			
工序制定及编程	1	工序制定合理，选择刀具正确	10	违反规定扣 3 ~ 10 分			
	2	指令应用合理、得当、正确	15	指令错误扣 5 ~ 15 分			
	3	程序格式正确，符合工艺要求	15	工艺不符合规定扣 5 ~ 15 分			
尺寸精度	1	28.925 mm	5	超差不得分			
	2	57.851 mm	5	超差不得分			
	3	19.89 mm	5	超差不得分			
	4	5 mm	3	超差不得分			
	5	9 mm	3	超差不得分			
	6	24.312 mm	3	超差不得分			
	7	17.901 mm	3	超差不得分			
	8	21.269 mm	2	超差不得分			
	9	35.76 mm	3	超差不得分			
	10	45 mm	3	超差不得分			
	11	R47.318 mm	5	超差不得分			
	12	ϕ21 mm	5	超差不得分			
	13	ϕ27 mm	5	超差不得分			
其他		按时完成		超时 ≤15 min 扣 5 分			
				15 min < 超时 ≤30 min 扣 15 分			
				超时 >30 min 不计分			
总配分			100	总分			
加工时间		4 h		监考			
开始时间		结束时间		日期			
其他情况				备注			

评分人：　　年　月　日　　　　核分人：　　年　月　日

思考与练习

一、判断题（下列判断正确的在题后括号内打"√"，错误的在题后括号内打"×"）

1. 在执行主程序的过程中，有调用子程序的指令时，就执行子程序的指令，执行子程序以后，加工就结束了。   （   ）

2. 子程序的第一个程序段和最后一个程序段必须采用 G00 指令进行定位。   （   ）

3. 在子程序中，不可以再调用另外的子程序，即不可以调用二重子程序。   （   ）

4. 数控加工中，当某段进给路线重复使用时，应使用子程序。   （   ）

5. 使用子程序的目的和作用是简化编程。   （   ）

6. 一个主程序只能有一个子程序。   （   ）

7. 粗加工时，切削用量较大，因此会使刀具磨损加快，所以应选用以润滑为主的切削液。   （   ）

8. 粗基准因精度要求不高，所以可以重复使用。   （   ）

9. 选择定位基准时，为了确保外形与加工部位的相对正确，应选加工表面作为粗基准。
                                                                               （   ）

10. 数控编程中，刀具直径不能给错，不然会出现过切。   （   ）

二、单项选择题（下列每题的备选项中，只有 1 个是正确的，请将正确答案的字母填入括号内）

1. 采用数控机床加工的零件应该是（   ）。
   A. 单一零件   B. 中小批量、形状复杂、型号多变
   C. 大批量

2. 数控机床的诞生是在 20 世纪（   ）年代。
   A. 50   B. 60   C. 70   D. 80

3. 数控机床是在（   ）诞生的。
   A. 日本   B. 美国   C. 英国   D. 法国

4. S1 500 表示主轴转速为 1 500（   ）。
   A. m/min   B. mm/min   C. r/min   D. mm/s

5. 进给功能用于指定（   ）。
   A. 进刀深度   B. 进给速度   C. 进给转速   D. 进给方向

6. F150 代表进给速度为 150（   ）（公制）。
   A. mm/s   B. m/m   C. mm/min   D. in/s

7. 数控铣床的刀具补偿平面均设定在主要平面内，一般为（   ）平面。
   A. *VW*   B. *UW*   C. *XZ*   D. *XY*

8. 数控铣床编程时，除了用主轴功能（S 功能）来指定主轴转速外，还要用（   ）指定主轴的转向。
   A. G 功能   B. F 功能   C. T 功能   D. M 功能

9. 直线定位指令是（   ）。

    A. G00   B. G04   C. M02   D. G01

10. 进行轮廓铣削时，应避免（   ）切入和退出工件轮廓。

    A. 切向   B. 法向   C. 平行   D. 斜向

参考答案

一、判断题

1. ×　2. ×　3. ×　4. √　5. √　6. ×　7. ×　8. ×　9. ×　10. √

二、单项选择题

1. B　2. A　3. B　4. C　5. B　6. C　7. D　8. D　9. A　10. B

模块六

孔 类 加 工

模块目标

模块目标

1. 掌握钻孔、扩孔、铰孔的加工指令，能够正确地编写孔的加工程序。
2. 掌握孔的加工工艺，保证孔的加工精度。
3. 掌握孔类零件尺寸精度的测量方法。

项目一　对称孔加工

一、项目描述

本项目为完成如图 6—1—1 所示钻模板的加工。

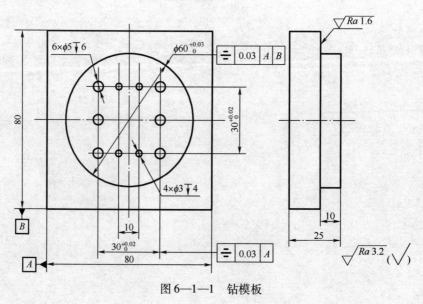

图 6—1—1　钻模板

二、工艺分析（见表6—1—1）

表6—1—1　　　　　　　　　　工艺分析

加工工艺卡片		零件名称	零件图号	材料
×××（单位）		钻模板	图6—1—1	45钢调质
序号	工序	工序内容		备注
1	加工准备	安装工件，找正并设定工件原点（毛坯对称中心）		
2	粗、精铣圆台	选用φ20 mm立铣刀粗加工圆台，粗加工单边留0.5 mm加工余量，精加工根据实测值修改补偿值		
3	去除余量	选用φ20 mm立铣刀去除圆台周围多余余量		
4	加工φ5 mm孔	先用中心钻钻中心孔，后φ4.8 mm钻头钻孔，最后用铰刀完成6个φ5 mm孔的加工		
5	加工φ3 mm孔	先用中心钻钻中心孔，后用钻头钻孔，最后用铰刀完成4个φ3 mm孔的加工		
编制		校对	日期　　　年　月　日	审核

三、材料、工具、量具和刀具（见表6—1—2）

表6—1—2　　　　　　　　材料、工具、量具和刀具清单

种类	序号	名称	规格	数量
材料		45钢调质	80 mm×80 mm×25 mm	1件
工具	1	机床用平口虎钳		1个
	2	垫铁		若干
	3	塑胶锤子		1个
	4	扳手		1个
	5	寻边器		若干
	6	对刀仪		1个
量具	1	百分表及磁性表座		1套
	2	游标卡尺	0~125 mm	1把
	3	塞规	φ5H7	1把
	4	塞规	φ3H7	1把
刀具	1	立铣刀	φ20 mm	2把
	2	中心钻	φ2.5 mm	1把
	3	麻花钻	φ2.8 mm	1把
	4	麻花钻	φ4.8 mm	1把
	5	铰刀	φ3 mm	1把
	6	铰刀	φ5 mm	1把

四、操作步骤

1. 准备工作

（1）阅读零件图（见图 6—1—1），检查毛坯尺寸，确认无误后安装到机床上（见图 6—1—2）。

（2）开机，机床回参考点。

（3）输入并检查程序。

（4）安装刀具，设定工件坐标系。

图 6—1—2　装夹工件

2. 选用直径 20 mm 的立铣刀粗加工凸形轮廓（见图 6—1—3）。

3. 选用直径 20 mm 的立铣刀精加工凸形轮廓。

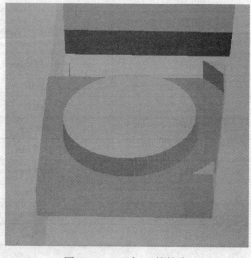

图 6—1—3　加工外轮廓

4. 去除周边余料（见图6—1—4）。

图6—1—4 去除周边余料

5. 先用中心钻定位，后用钻头钻孔，最后用铰刀完成 6 个 φ5 mm 孔的加工（见图6—1—5）。

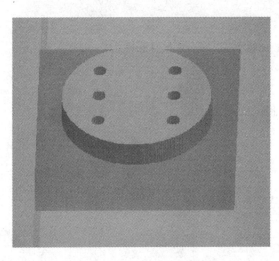

图6—1—5 钻6个φ5孔

6. 先用中心钻定位，后用钻头钻孔，最后用铰刀完成 4 个 φ3 mm 孔的加工（见图6—1—6）。

五、参考程序

G91 G28 Z0；
T01 M06；
G54 G17 G90；
M03 S1000；

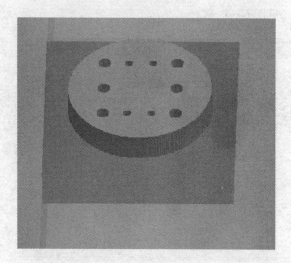

图 6—1—6 钻 4 个 φ3 孔

```
T01 D01;
G00 Z100;
G00 X – 60 Y – 60;
G00 Z10;
G01 Z – 10 F200;（分层下刀，每次下刀深度为 2 mm）
G41 X – 30;
Y0;
G02 X – 30 Y0 I30 J0;
G01 Y60;
G40 X – 60;
G00 Z100;
M05;
G91 G28 Z0;
T02;
D02 M06;
G54 G17 G90;
M03 S500;
G00 Z100;
G00 X0 Y0;
X – 15 Y15;
CYCLE 81（100, 10, 2, 6）;
X15 Y15;
CYCLE 81（100, 10, 2, 6）;
Y0;
```

CYCLE 81 （100, 10, 2, 6）；

Y－15；

CYCLE 81 （100, 10, 2, 6）；

X－15；

CYCLE 81 （100, 10, 2, 6）；

Y0；

CYCLE 81 （100, 10, 2, 6）；

G00 Z100；

M05；

G91 G28 Z0；

T03；

D03 M06；

G54 G17 G90；

M03 S500；

G00 Z100；

G00 X0 Y0；

X－5 Y15；

CYCLE 81 （100, 10, 2, 6）；

X5 Y15；

CYCLE 81 （100, 10, 2, 6）；

Y－15；

CYCLE 81 （100, 10, 2, 6）；

X－5；

CYCLE 81 （100, 10, 2, 6）；

G00 Z100；

M05；

M30；

六、质量控制

1. 尺寸不合格

（1）粗、精加工要分开，加工余量要合理，粗加工余量控制在 0.5～0.8 mm 之间。

（2）孔尺寸不合格，底孔尺寸不合适，铰刀不合适或参数不合理。

2. 几何公差不合格

几何公差不合格的原因如下：

（1）工件没找正，装夹不合理。

（2）钻孔时没打定位孔，钻孔加工路线没考虑机床反向间隙。

（3）机床精度降低，定位误差过大。

3. 表面粗糙度不合格

表面粗糙度不合格的原因如下：

（1）切削参数设置不合理。

（2）刀具不锋利。

（3）机床工艺系统振动，工件装夹不牢固引起振动。

（4）刀具太长，刚度差。

七、考核标准（见表 6—1—3）

表 6—1—3 　　　　　　　　考核标准

项目名称					编号	
考核项目		考核要求	配分	评分标准	检测结果	得分
现场操作规范	1	工具的正确使用	2	违反规定不得分		
	2	量具的正确使用	2	违反规定不得分		
	3	刀具的合理使用	2	违反规定不得分		
	4	设备的正确操作及维护和保养	4	违反规定扣 2~4 分		
工序制定及编程	1	工序制定合理，选择刀具正确	10	违反规定扣 3~10 分		
	2	指令应用合理、得当、正确	15	指令错误扣 5~15 分		
	3	程序格式正确，符合工艺要求	15	工艺不符合规定扣 5~15 分		
尺寸精度	1	$\phi 60^{+0.03}_0$ mm	6	超差不得分		
	2	$30^{+0.02}_0$ mm，两处	10	超差不得分		
	3	$4 \times \phi 3$ mm	10	超差不得分		
	4	$6 \times \phi 5$ mm	10	超差不得分		
	5	10 mm	3	超差不得分		
	6	圆台深 10 mm	5	超差不得分		
几何公差	1	⌯ 0.03 A	3	超差不得分		
	2	⌯ 0.03 A B	3	超差不得分		
其他		按时完成		超时≤15 min 扣 5 分		
				15 min＜超时≤30 min 扣 15 分		
				超时＞30 min 不计分		
总配分			100	总分		
加工时间		4 h		监考		
开始时间		结束时间		日期		
其他情况				备注		

评分人：　　年 月 日　　　　核分人：　　　年 月 日

项目二 多盲孔加工

一、项目描述

本项目为完成如图 6—2—1 所示多个不通孔零件的加工。

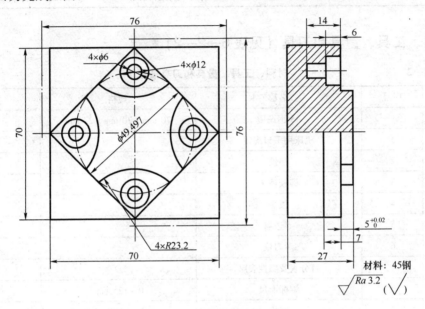

图 6—2—1 多个不通孔零件

要求:

合理确定加工工艺,正确选择进刀和退刀路线。

正确装夹工件,保证不发生变形。

二、加工工艺分析(见表 6—2—1)

表 6—2—1 加工工艺分析

加工工艺卡片		零件名称	零件图号	材料
×××(单位)		多个不通孔零件	图 6—2—1	45 钢调质
序号	工序	工序内容		备注
1	加工准备	安装工件,找正并设定工件原点(毛坯对称中心)		
2	粗、精加工菱形台	选用 $\phi20$ mm 立铣刀粗加工菱形台,单边留 0.5 mm 加工余量,选用 $\phi12$ mm 立铣刀精加工,根据实测值修改补偿值		
3	去除余量	选用 $\phi20$ mm 立铣刀去除周边余料		
4	加工 $R23.2$ mm 圆弧	选用 $\phi20$ mm 立铣刀粗加工圆弧轮廓,留 0.5 mm 加工余量 选用 $\phi12$ mm 立铣刀精加工圆弧轮廓,根据实测值修改补偿值		

序号	工序	工序内容	备注
5	加工 4×φ6 mm 孔	先用中心钻钻中心孔，后用钻头钻孔，最后用铰刀完成 4 个 φ6 mm 孔的加工	
6	加工 4×φ12 mm 沉孔	选用 φ12 mm 立铣刀加工 4 个 φ12 mm 沉孔	
编制		校对	日期　　年 月 日　　审核

三、材料、工具、量具和刀具（见表 6—2—2）

表 6—2—2　　　　　　材料、工具、量具和刀具清单

种类	序号	名称	规格	数量
材料		45 钢调质	70 mm×70 mm×27 mm	1 件
工具	1	机床用平口虎钳		1 个
	2	垫铁		若干
	3	塑胶锤子		1 个
	4	扳手		1 个
	5	寻边器		若干
	6	对刀仪		1 个
量具	1	百分表及磁性表座		1 套
	2	游标卡尺	0~125 mm	1 把
	3	塞规	φ6H7	1 把
	4	塞规	φ12H8	1 把
刀具	1	立铣刀	φ20 mm	2 把
	2	立铣刀	φ12 mm	2 把
	3	中心钻	φ2.5 mm	1 把
	4	麻花钻	φ5.8 mm	1 把
	5	麻花钻	φ11.8 mm	1 把
	6	铰刀	φ6 mm	1 把
	7	铰刀	φ12 mm	1 把

四、操作步骤

1. 准备工作

（1）阅读零件图，检查毛坯尺寸，确认无误后安装到机床上。

（2）开机，机床回参考点。

（3）输入并检查程序。

（4）安装刀具，设定工件坐标系。

2. 采用直径 20 mm 的立铣刀粗加工菱形台轮廓（见图 6—2—2）。

采用直径 12 mm 的立铣刀精加工菱形台轮廓。

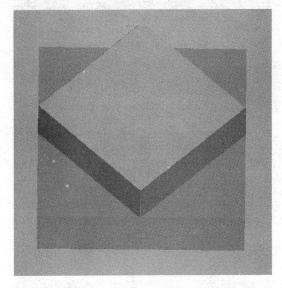

图 6—2—2　加工菱形台轮廓

3. 采用 φ20 mm 立铣刀去除周边余料。
4. 采用直径 20 mm 的立铣刀粗加工圆弧轮廓（见图 6—2—3）。
5. 采用直径 12 mm 的立铣刀精加工圆弧轮廓。

图 6—2—3　加工圆弧轮廓

6. 先用中心钻定位，后用钻头钻孔，最后用铰刀完成 4 个 φ6 mm 孔的加工（见图 6—2—4）。
7. 完成 4 个 φ12 mm 沉孔的加工（见图 6—2—5）。

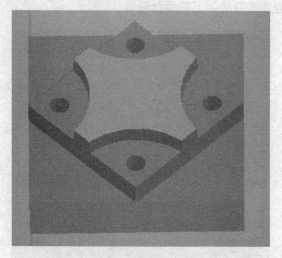

图 6—2—4　4 个 φ6 孔的加工

图 6—2—5　4 个 φ12 沉孔的加工

五、参考程序

LINGXINGTAI01；（粗、精铣菱形台轮廓）
G54 G17 G90；
M03 S1000；
T01 D01；
G00 X－60 Y－60 Z100；
Z10；

G01 Z－12 F200；（分三次下刀，每次下刀深度为4 mm）

G41 X－35；

Y0；

X0 Y35；

X35 Y0；

X0 Y－35；

X－35 Y0；

Y50；

G40 X－60；

G00 Z100；

M05；

M30；

YUANHU01；（粗、精铣圆弧轮廓）

G54 G17 G90；

M03 S1000；

T01 D01；

G00 X－60 Y－60 Z100；

Z10；

G01 Z－5 F200；

G41 X－38 Y－23.2；

G03 Y23.2 CR＝23.2；

G01 X－23.2 Y38；

G03 X23.2 CR＝23.2；

G01 X38 Y23.2；

G03 Y－23.2 CR＝23.2；

G01 X23.2 Y－38；

G03 X－23.2 CR＝23.2；

G01 Y－60；

G40 X－60；

G00 Z100；

M05；

M30；

KONG01；（粗、精加工ϕ6 mm 孔）

G54 G17 G90；

M03 S1000；

T01 D01；

G00 X0 Y0 Z100；

X－24.749 Y0；

```
CYCLE 83 (100, 100, 2, 14, 100,, 20, 0, 0, 1, 0);
X24.749 Y0;
CYCLE 83 (100, 100, 2, 14, 100,, 20, 0, 0, 1, 0);
X0 Y24.749;
CYCLE 83 (100, 100, 2, 14, 100,, 20, 0, 0, 1, 0);
X0 Y -24.749;
CYCLE 83 (100, 100, 2, 14, 100,, 20, 0, 0, 1, 0);
G00 Z100;
M05;
M30;
KONG02；（粗、精加工 φ12 mm 孔）
G54 G17 G90;
M03 S1000;
T01 D01;
G00 X0 Y0 Z100;
X -24.749 Y0;
CYCLE 83 (100, 100, 2, 6, 100,, 20, 0, 0, 1, 0);
X24.749 Y0;
CYCLE 83 (100, 100, 2, 6, 100,, 20, 0, 0, 1, 0);
X0 Y24.749;
CYCLE 83 (100, 100, 2, 6, 100,, 20, 0, 0, 1, 0);
X0 Y -24.749;
CYCLE 83 (100, 100, 2, 6, 100,, 20, 0, 0, 1, 0);
G00 Z100;
M05;
M30;
```

六、质量控制

1. 尺寸不合格

（1）粗、精加工要分开，加工余量要合理，粗加工余量控制在 $0.5 \sim 0.8$ mm 之间。

（2）孔尺寸不合格，底孔尺寸不合适，铰刀尺寸不合适或参数不合理。

2. 表面粗糙度不合格

表面粗糙度不合格的原因如下：

（1）切削参数设置不合理。

（2）刀具不锋利。

（3）机床工艺系统振动，工件装夹不牢固引起振动。

（4）刀具太长，刚度差。

七、考核标准（见表6—2—3）

表6—2—3　　　　　考核标准

项目名称				编号	
考核项目		考核要求	配分	评分标准	检测结果	得分

考核项目		考核要求	配分	评分标准	检测结果	得分
现场操作规范	1	工具的正确使用	2	违反规定不得分		
	2	量具的正确使用	2	违反规定不得分		
	3	刀具的合理使用	2	违反规定不得分		
	4	设备的正确操作及维护和保养	4	违反规定扣2~4分		
工序制定及编程	1	工序制定合理，选择刀具正确	10	违反规定扣3~10分		
	2	指令应用合理、得当、正确	15	指令错误扣5~15分		
	3	程序格式正确，符合工艺要求	15	工艺不符合规定扣5~15分		
尺寸精度	1	6 mm	4	超差不得分		
	2	$5^{+0.02}_{0}$ mm	7	超差不得分		
	3	14 mm	4	超差不得分		
	4	7 mm	4	超差不得分		
	5	$4 \times R23.2$ mm	7	超差不得分		
	6	$4 \times \phi6$ mm	7	超差不得分		
	7	$4 \times \phi12$ mm	7	超差不得分		
	8	$\phi49.497$ mm	4	超差不得分		
表面粗糙度		$Ra3.2$ μm	6	每处超差扣0.5分		
其他		按时完成		超时≤15 min 扣5分		
				15 min<超时≤30 min 扣15分		
				超时>30 min 不计分		
总配分			100	总分		
加工时间		4 h		监考		
开始时间		结束时间		日期		
其他情况				备注		

评分人：　　　年　月　日　　　核分人：　　　年　月　日

模块七

综合加工

模块目标

1. 运用固定循环指令进行孔的加工。
2. 能够合理地选择刀具以及加工参数。
3. 能够使用 R 参数编写加工程序。
4. 能够利用坐标旋转指令编写程序。
5. 能够利用条件跳转语句编写程序。

项目一 椭圆加工

一、项目描述

本项目为完成如图 7—1—1 所示椭圆板的加工。

要求：

加工时间为 4 h。

合理确定工件装夹方案，合理设定工件坐标系，合理选择加工顺序；正确选择刀具加工路线，利用机床指令简化编程；安全文明操作；加工完毕按照考核标准对工件进行检验，正确合理地使用工具和量具；要求利用仿真软件模拟加工。

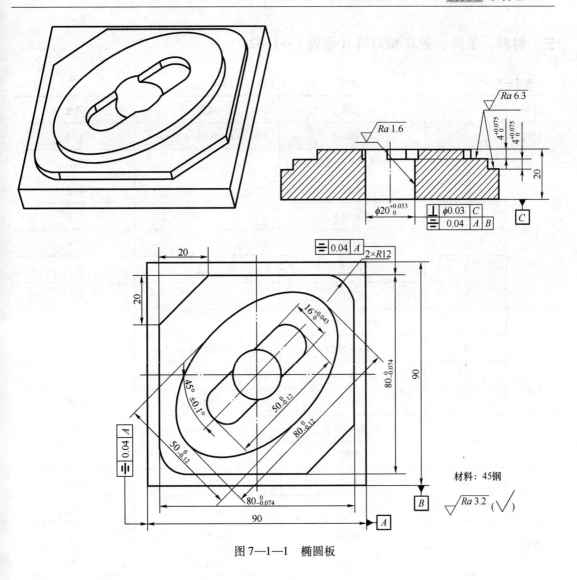

图7—1—1 椭圆板

二、加工工艺分析（见表7—1—1）

表7—1—1 加工工艺分析

加工工艺卡片		零件名称	零件图号	材料
×××（单位）		椭圆板	图7—1—1	45钢调质
序号	工序	工序内容		备注
1	加工准备	安装工件，找正并设定工件原点（毛坯对称中心）		
2	铣削外轮廓	选用 ϕ20 mm立铣刀粗、精铣底层外轮廓		
3	加工椭圆轮廓	选用 ϕ20 mm立铣刀粗、精铣椭圆外轮廓		
4	加工 $\phi20^{+0.033}_{0}$ mm孔	先钻中心孔→钻底孔→粗镗→孔口倒角→半精镗→精镗		
5	加工键槽	选用 ϕ12 mm立铣刀粗、精加工键槽		
编制		校对	日期　　年　月　日	审核

三、材料、工具、量具和刀具（见表7—1—2）

表7—1—2　　　　　　　　材料、工具、量具和刀具清单

种类	序号	名称	规格	数量
材料		45 钢调质	90 mm×90 mm×20 mm	1 件
工具	1	机床用平口虎钳		1 个
	2	垫铁		若干
	3	塑胶锤子		1 个
	4	扳手		1 个
	5	寻边器		若干
	6	对刀仪		1 个
量具	1	百分表及磁性表座		1 套
	2	游标卡尺	0～150 mm	1 把
	3	游标深度尺	0～200 mm	1 把
	4	外径千分尺	75～100 mm	1 把
	5	内径千分尺	0～25 mm	1 把
	6	塞规	ϕ20H7	1 个
刀具	1	立铣刀	ϕ12 mm	2 把
	2	立铣刀	ϕ20 mm	2 把
	3	中心钻	ϕ2.5 mm	1 把
	4	麻花钻	ϕ12 mm	1 把
	5	麻花钻	ϕ19 mm	1 把
	6	镗刀	ϕ18～25 mm	1 把

四、操作步骤

1. 安装毛坯，毛坯伸出平口虎钳高度大于 8 mm，保证加工要求，用百分表找正并夹紧。用寻边器对刀，工件坐标系原点设定在工件的对称中心上，如图7—1—2 所示。

2. 粗、精铣外轮廓。安装 ϕ20 mm 立铣刀并对刀，粗铣底层外轮廓，单边留 0.5 mm精加工余量。实测底层外轮廓尺寸，调整刀具补偿值，精铣至图样要求，如图7—1—3所示。

3. 采用 ϕ20 mm 立铣刀粗铣椭圆外轮廓，单边留 0.5 mm 精加工余量。半精铣椭圆外轮

图 7—1—2　步骤 1

图 7—1—3　步骤 2

廓，留 0.1 mm 精加工余量。实测椭圆外轮廓尺寸，调整刀具补偿值，精铣至图样要求，如图 7—1—4 所示。

图 7—1—4　步骤 3

4. 用中心钻钻中心孔，安装 $\phi12$ mm 钻头，钻通孔。安装 $\phi19$ mm 钻头并对刀，调整加工参数，钻通孔，如图 7—1—5 所示。然后再用 $\phi18 \sim 25$ mm 镗刀镗孔（先粗镗，再孔口倒角，最后半精镗和精镗）。

图 7—1—5　步骤 4

5. 铣键槽，安装 $\phi12$ mm 立铣刀并对刀，粗铣键槽，单边留 0.5 mm 精加工余量。半精铣键槽，留 0.1 mm 加工余量。实测键槽尺寸，调整刀具参数，精铣至图样要求，如图 7—1—6 所示。

图 7—1—6　步骤 5

五、参考程序

WAILUNKUO01；（加工外轮廓）
G54 G17 G90；
M03 S1000；
T01 D01；
G00 X-60 Y-60 Z100；
Z10；

G01 Z-8 F200；（分两次下刀，每次下刀深度为 4 mm）

G41 X-40；

Y20；

X-20 Y40；

X28；

G02 X40 Y28 R12；

Y-20；

X20 Y-40；

X-28；

G02 X-40 Y-28 R12；

Y0；

X-60；

G40 X-60 Y-60；

G00 Z100；

M05；

M30；

TUOYUAN01；

G54 G17 G90 M03 S800 G00 Z100；

T01 D01；

RPL = 45；

X60 Y - 60；

Z10；

G01 Z - 4 F200；

G42 X40；

Y0；

R1 = 0；

N2 R2 = COS[R1] * 40；

R3 = SIN[R1] * 25；

G01 X[R2] Y[R3]；

R1 = R1 + 1；

IF[R1 < = 360]GOTO2；

G01 Y60；

G40 X60；

G00 Z150；

TRANS；

M30；

ZHONG JIAN KOWG 01；（加工中间 $\phi20^{+0.033}_{0}$ mm 孔）

KONG01；

G54 G17 G90 M03 S1000 G00 Z100；

T01 D01；

X0 Y0；

Z10；

CYCLE 81 （10，100，2，25，）；

G00 Z100；

M30；

TANGKONG02；（镗孔）

G54 G17 G90 M03 S300 G00 Z100；

T01 D01；

X0 Y0；

CYCLE 86 （5，1，0，-25，2，3，-1，-1，1，100）；

G00 Z100；

M30；

CAO 01；（加工条形槽）

G54 G17 G90 M03 S1000 G00 Z100；

T01 D01；

RPL = 45；

X0 Y0；

Z10；

G01 Z - 4 F200；

G42 Y8；

X17；

G02 X17 Y - 8 CR = 8；

G01 X - 17；

G02 X - 17 Y8 CR = 8；

G01 X0；

TRANS；

G00 Z150；

M30；

六、质量控制

1. 尺寸不合格

（1）粗、精加工要分开，加工余量要合理，粗加工余量控制在 0.5 ~ 0.8 mm 之间。

（2）孔尺寸不合格，镗刀调整不合适，加工参数选择不合理。

2. 几何公差不合格

几何公差不合格的原因如下：

（1）工件定位超差，平行垫铁误差过大。

(2）镗刀安装误差过大。

(3）机床精度降低，主轴不垂直。

3. 表面粗糙度不合格

表面粗糙度不合格的原因如下：

(1）切削参数设置不合理。

(2）刀具不锋利。

(3）机床工艺系统振动，工件装夹不牢固引起振动。

(4）刀具太长，刚度差。

七、考核标准（见表 7—1—3）

表 7—1—3　　考核标准

项目名称					编号	
考核项目		考核要求	配分	评分标准	检测结果	得分
现场操作规范	1	工具的正确使用	2	违反规定不得分		
	2	量具的正确使用	2	违反规定不得分		
	3	刀具的合理使用	2	违反规定不得分		
	4	设备的正确操作及维护和保养	4	违反规定扣 2 ~ 4 分		
工序制定及编程	1	工序制定合理，选择刀具正确	10	违反规定扣 3 ~ 10 分		
	2	指令应用合理、得当、正确	15	指令错误扣 5 ~ 15 分		
	3	程序格式正确，符合工艺要求	15	工艺不符合规定扣 5 ~ 15 分		
尺寸精度	1	$80_{-0.074}^{\ 0}$ mm，两处	6	每超差 0.01 mm 扣 2 分		
	2	$80_{-0.12}^{\ 0}$ mm	5	每超差 0.01 mm 扣 1 分		
	3	$50_{-0.12}^{\ 0}$ mm，两处	6	超差不得分		
	4	$16_{\ 0}^{+0.043}$ mm	5	超差不得分		
	5	$4_{\ 0}^{+0.075}$ mm，两处	6	每超差 0.01 mm 扣 2 分		
	6	$\phi 20_{\ 0}^{+0.033}$ mm	4	超差不得分		
几何公差	1	⌯ 0.04 A，两处	8	超差不得分		
	2	⌯ 0.04 A B	6	超差不得分		
	3	C ⊥ φ0.03	4	超差不得分		
其他		按时完成		超时≤15 min 扣 5 分		
				15 min＜超时≤30 min 扣 15 分		
				超时＞30 min 不计分		
总配分			100	总分		

续表

加工时间		4 h	监考	
开始时间		结束时间	日期	
其他情况			备注	

评分人：　　年 月 日　　　　　　　　核分人：　　年 月 日

八、相关知识

1. 参数编程

在数控编程加工中，遇到由非圆曲线组成的工件轮廓或三维曲面轮廓时，可以用宏程序或使用参数编程方法来完成加工。当工件的切削轮廓是非圆曲面时，就不能直接用圆弧插补指令来编程。这时可以设想将这一段非圆弧曲线轮廓分为若干微小的线段，在每一段微小的线段上进行直线插补或圆弧插补来近似表示这一非圆弧曲面。如果分成的线段足够小，则这个近似的曲线就完全能满足该曲线轮廓的精度要求。对于所要加工的椭圆外形，可以将椭圆的中心设为工件坐标的原点，椭圆轮廓上点的坐标值可以用多种方法表示。

椭圆标准公式表示为：$x^2/a^2 + y^2/b^2 = 1$

椭圆参数方程表示为：$x = a\cos\theta$　　$y = b\sin\theta$

选用何种方法表示椭圆轮廓曲线上点的位置，取决于个人对椭圆方程理解和熟悉的情况。

编程加工时，根据椭圆曲线精度要求，通过选择极角 θ 的增量将椭圆分为若干线段或圆弧，利用上述公式分别计算轮廓上点的坐标。本项目从 $\theta = 90°$ 开始，将椭圆分为 180 段线段（每段线段对应的 θ 角增加 2°），每个循环切削一段，当 $\theta < -270°$ 时切削结束。

2. 知识积累

椭圆极角的计算：

椭圆可以用标准方程表示，也可以用参数方程表示。当采用参数方程进行程序的编制时，要清楚地知道椭圆极角 θ 的变化量。但图样上所给的角度值一般不是编程所需的极角值，这在编写程序时需注意。极角的表示方法如图 7—1—7 所示。

以椭圆的圆心为圆心，分别以椭圆长半轴 a 和短半轴 b 为半径作辅助圆。E 点为椭圆上的任意一点，G、F 点为过 E 点分别作 X 轴、Y 轴平行线与辅助圆的交点。在编写程序中要想知道椭圆曲线上"点"的位置，必须知道该点的极角，根据椭圆参数方程 $x = a\cos\theta$、$y = b\sin\theta$，即可算出椭圆曲线上"点"的位置。很明显，图 7—1—7 中 E 点正确的坐标值为 $x = a\cos58°$，$y = b\sin58°$，图样上所标注的 45° 并不是真正意义上的极角，极角应是 58°。如果图样上没有给定极角时，用参数方程进行反推即可，$\theta = \arccos x/a$，$\theta = \arcsin y/b$。

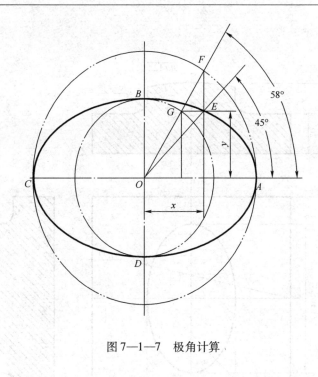

图 7—1—7 极角计算

项目二 曲面加工

一、项目描述

本项目为完成如图 7—2—1 所示曲面零件的加工。

要求：

加工时间为 4 h。

合理确定工件装夹方案，合理设定工件坐标系，合理选择加工顺序；正确选择刀具加工路线，利用机床指令简化编程；安全文明操作；加工完毕按照考核标准对工件进行检验，正确合理地使用工具和量具；要求利用仿真软件模拟加工。

二、加工工艺分析（见表 7—2—1）

表 7—2—1 加工工艺分析

加工工艺卡片	零件名称	零件图号		材料
×××（单位）	曲面零件	图 7—2—1		45 钢调质
序号	工序	工序内容		备注
1	加工准备	安装工件，找正并设定工件原点（毛坯对称中心）		
2	粗铣外轮廓	选用 ϕ20 mm 立铣刀粗铣凸台外轮廓，单边留 6 mm 加工余量		
3	加工 R6 mm 圆角	选用 ϕ12 mm 球头铣刀粗、精铣外轮廓，加工 R6 mm 圆角		
4	加工圆弧面	选用 ϕ12 mm 球头铣刀粗、精铣圆弧面		
编制		校对	日期	年 月 日	审核	

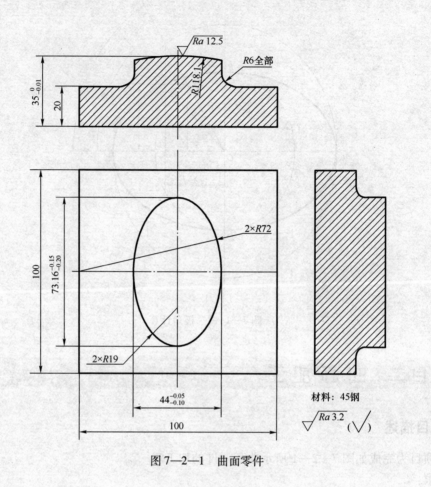

图 7—2—1   曲面零件

三、材料、工具、量具和刀具（见表 7—2—2）

表 7—2—2   材料、工具、量具和刀具清单

种类	序号	名称	规格	数量
材料		45 钢调质	100 mm × 100 mm × 36 mm	1 件
工具	1	机床用平口虎钳		1 个
	2	垫铁		若干
	3	塑胶锤子		1 个
	4	扳手		1 个
	5	寻边器		若干
	6	对刀仪		1 个

续表

种类	序号	名称	规格	数量
量具	1	百分表及磁性表座		1 套
	2	游标卡尺	0～150 mm	1 把
	3	游标深度尺	0～200 mm	1 把
	4	外径千分尺	25～50 mm	1 把
	5	外径千分尺	75～100 mm	1 把
刀具	1	球头铣刀	ϕ12 mm	2 把
	2	立铣刀	ϕ20 mm	2 把

四、操作步骤

1. 安装毛坯，毛坯伸出平口虎钳高度大于 16 mm，保证加工要求，用百分表找正并夹紧。用寻边器对刀，工件坐标系原点设定在工件的对称中心上，如图 7—2—2 所示。

2. 安装 ϕ20 mm 粗加工立铣刀并对刀，粗铣凸台外轮廓，单边留 6 mm 精加工余量，如图 7—2—3 所示。

图 7—2—2　步骤 1

图 7—2—3　步骤 2

3. 安装 ϕ12 mm 球头铣刀粗铣凸台外轮廓，单边留 0.5 mm 精加工余量，以保证轮廓 R6 mm 圆角。安装 ϕ12 mm 精加工球头铣刀并对刀，精铣外轮廓至图样要求，如图 7—2—4 所示。

4. 安装 ϕ12 mm 球头铣刀铣削圆弧表面。采用行切削的方式，行距为 0.1 mm，如图 7—2—5 所示。

图 7—2—4　步骤 3

图 7—2—5　步骤 4

五、查点坐标（见图7—2—6）

因外轮廓公差不同，所以查询点坐标时应以上极限偏差实际尺寸作图并查询坐标。

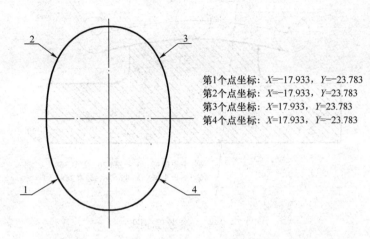

第1个点坐标：$X=-17.933$，$Y=-23.783$
第2个点坐标：$X=-17.933$，$Y=23.783$
第3个点坐标：$X=17.933$，$Y=23.783$
第4个点坐标：$X=17.933$，$Y=-23.783$

图7—2—6 查点坐标

六、参考程序

说明：粗铣和精铣时使用同一个加工程序，只需调整刀具参数即可。

1. 加工外轮廓（$\phi20$ mm 立铣刀，$\phi12$ mm 球头铣刀）

G54 G17 G90 G00 Z150 M03 S800；

T01 D01；

X－70 Y0；

Z5；

G01 Z－16 F200；

G41 G01 X－42 Y－20；

G03 X－22 Y0 CR＝20；（圆弧切入工件）

G02 X－17.933 Y23.783 CR＝72；

G02 X17.933 Y23.783 CR＝19；

G02 X17.933 Y－23.783 CR＝72；

G02 X－17.933 Y－23.783 CR＝19；

G02 X－22 Y0 CR＝72；

G03 X－42 Y20 CR＝20；（圆弧切出）

G01 Z5；

G00 Z150；

G40 X0 Y150；

M30；

2. 加工顶面曲面（φ12 mm 球头铣刀，见图 7—2—7）

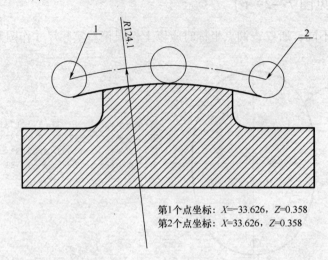

第1个点坐标：$X=-33.626$，$Z=0.358$
第2个点坐标：$X=33.626$，$Z=0.358$

图 7—2—7　参考程序图

G54 G17 G90 G00 Z150 M03 S1800；

T01 D01；

X－60 Y－60；

Z5；

R1 = －40；（设置变量 Y 轴起始值）

N2 G18 G01 X－33. 626 Y［R1］Z－5. 642；（定义圆弧加工起点）

G03 X33. 626 Y［R1］Z－5. 624 CR＝124. 1；（G18 平面加工圆弧）

R1 = R1 +0. 2；（Y 轴数值变化）

G01 Y［R1］；

G02 X－33. 626 Y［R1］Z－5. 624 CR＝124. 1；（G18 平面加工圆弧）

R1 = R1 +0. 2；（Y 轴数值变化）

IF［R1 ＜ ＝ 40］GOTO2；（判断条件是否满足）

G00 Z150；

M30；

七、质量控制

1. 尺寸不合格
（1）粗、精加工要分开，加工余量要合理。
（2）刀具补偿不准确。
2. 表面粗糙度不合格
表面粗糙度不合格的原因如下：
（1）切削参数设置不合理，行距过大。
（2）刀具不锋利，没分开粗、精加工。

（3）机床工艺系统振动，工件装夹不牢固引起振动。

（4）刀具太长，刚度差。

八、考核标准（见表 7—2—3）

表 7—2—3   考核标准

考核项目	项目名称			编号	
	考核要求	配分	评分标准	检测结果	得分
现场操作规范	1 工具的正确使用	2	违反规定不得分		
	2 量具的正确使用	2	违反规定不得分		
	3 刀具的合理使用	2	违反规定不得分		
	4 设备的正确操作及维护和保养	4	违反规定扣 2～4 分		
工序制定及编程	1 工序制定合理，选择刀具正确	10	违反规定扣 3～10 分		
	2 指令应用合理、得当、正确	15	指令错误扣 5～15 分		
	3 程序格式正确，符合工艺要求	15	工艺不符合规定扣 5～15 分		
尺寸精度	1 $35_{-0.01}^{0}$ mm	5	每超差 0.01 mm 扣 1 分，超差 0.03 mm 及以上扣 5 分		
	2 20 mm	4	超差 ±0.1 mm 及以上不得分		
	3 $R118.1$ mm	4	超差不得分		
	4 $R6$ mm	5	超差不得分		
	5 $44_{-0.10}^{-0.05}$ mm	5	超差不得分		
	6 $R19$ mm，两处	6	超差不得分		
	7 $R72$ mm，两处	6	超差不得分		
	8 $73.16_{-0.20}^{-0.15}$ mm	5	每超差 0.01 mm 扣 1 分，超差 0.03 mm 及以上扣 5 分		
表面粗糙度	1 $Ra12.5$ μm	5	超差不得分		
	2 $Ra3.2$ μm	5	超差不得分		
其他	按时完成		超时 ≤15 min 扣 5 分		
			15 min < 超时 ≤30 min 扣 15 分		
			超时 >30 min 不计分		
总配分		100	总分		
加工时间	4 h		监考		
开始时间		结束时间		日期	
其他情况				备注	

评分人：   年 月 日   核分人：   年 月 日

项目三　配合加工

一、项目描述

本项目为完成如图 7—3—1 所示的工件一和工件二配合件的加工。

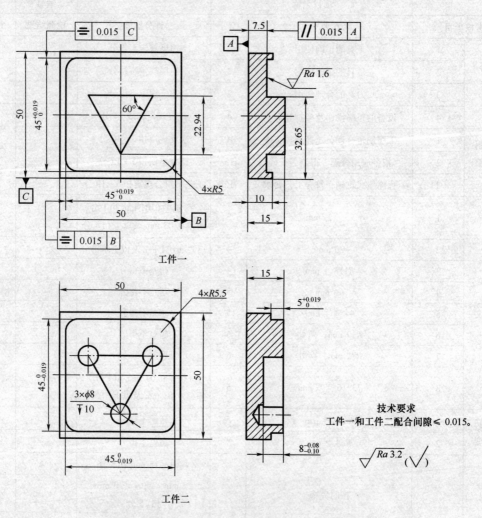

图 7—3—1　配合件中工件一和工件二的零件图

1. 技术要求

表面光滑、无毛刺，表面粗糙度 Ra 值为 1.6 μm，配合间隙≤0.015 mm。

2. 要求

加工时间为 4 h。

合理确定工件装夹方案，合理设定工件坐标系，合理选择加工顺序；正确选择刀具加工路线，利用机床指令简化编程；安全文明操作；加工完毕按照考核标准对工件进行检验，正确合理地使用工具和量具。

二、加工工艺分析（见表 7—3—1）

表 7—3—1 加工工艺分析

加工工艺卡片	零件名称		零件图号	材料
×××（单位）	配合件		图 7—3—1	45 钢调质
序号	工序	工序内容		备注
	工件一			
1	加工准备	安装工件，找正并设定工件原点（毛坯对称中心）		Z0 在顶面
2	加工内槽	选用 $\phi 6$ mm 立铣刀粗加工方形内轮廓		留 0.5 mm 加工余量
3	加工三角形	选用 $\phi 6$ mm 立铣刀粗加工三角形轮廓		留 0.5 mm 加工余量
4	精铣三角形	选用 $\phi 6$ mm 立铣刀精加工三角形轮廓		
5	精铣内槽	选用 $\phi 6$ mm 立铣刀精铣方形槽		
	工件二			
1	加工准备	安装工件，找正并设定工件原点（毛坯对称中心）		Z0 在顶面
2	粗加工外轮廓	选用 $\phi 10$ mm 立铣刀粗加工 $45_{-0.019}^{0}$ mm × $45_{-0.019}^{0}$ mm 外轮廓，深度为 5 mm		
3	精加工外轮廓	选用 $\phi 10$ mm 立铣刀精加工 $45_{-0.019}^{0}$ mm × $45_{-0.019}^{0}$ mm 外轮廓		
4	加工 $3 \times \phi 8$ mm 孔	先钻三个中心孔，安装 $\phi 8$ mm 钻头钻三个孔		
5	粗加工三角形	选用 $\phi 6$ mm 立铣刀粗加工三角形内轮廓，单边留 0.5 mm 加工余量		
6	精加工三角形	调整刀具补偿值，精加工三角形内轮廓		试配
编制		校对	日期　　年 月 日	审核

三、材料、工具、量具和刀具（见表 7—3—2）

表 7—3—2 　　　　　　　　　　材料、工具、量具和刀具清单

种类	序号	名称	规格	数量
材料		45 钢调质	50 mm × 50 mm × 15 mm	2 件
工具	1	机床用平口虎钳		1 个
	2	垫铁		若干
	3	塑胶锤子		1 个
	4	扳手		1 个
	5	寻边器		若干
	6	对刀仪		1 个
量具	1	百分表及磁性表座		1 套
	2	游标卡尺	0 ~ 125 mm	1 把
	3	游标深度尺	0 ~ 125 mm	1 把
	4	外径千分尺	0 ~ 25 mm	1 把
	5	内径千分尺	25 ~ 50 mm	1 把
	6	塞规	ϕ8H7	1 个
刀具	1	立铣刀	ϕ6 mm	2 把
	2	立铣刀	ϕ10 mm	2 把
	3	中心钻	ϕ2.5 mm	1 把
	4	麻花钻	ϕ8 mm	1 把

四、操作步骤

1. 工件一的加工

（1）安装工件毛坯，毛坯高出平口虎钳 8 mm 并对刀，工件坐标系原点设定在毛坯对称中心，如图 7—3—2 所示。

图 7—3—2 　安装工件毛坯并对刀

（2）安装 ϕ6 mm 立铣刀，对刀并设定好加工参数，粗加工方形内轮廓，单边留 0.5 mm 精加工余量，如图 7—3—3 所示。

图 7—3—3　安装铣刀并对刀

（3）安装 ϕ6 mm 粗铣立铣刀，粗加工三角形轮廓，单边留 0.5 mm 精加工余量。注意下刀方式和切入、切出方向，避免过切或欠切，如图 7—3—4 所示。

图 7—3—4　安装铣刀并粗加工

（4）安装 ϕ6 mm 精铣立铣刀，测量三角形轮廓尺寸，调整刀具补偿值，精加工至图样要求，如图 7—3—5 所示。

图 7—3—5　精加工三角形轮廓

（5）安装 $\phi 6$ mm 精铣立铣刀，实测方形内轮廓尺寸，调整刀具补偿值，精加工至尺寸要求，如图 7—3—6 所示。

图 7—3—6　精加工方形内轮廓

2. 工件二的加工

（1）装夹工件，工件高出平口虎钳 8 mm，用寻边器对刀，工件坐标系原点设定在毛坯的对称中心上表面，如图 7—3—7 所示。

图 7—3—7　装夹工件

（2）安装 $\phi 10$ mm 立铣刀并对刀，设定刀具加工参数，粗加工 $45_{-0.019}^{0}$ mm $\times 45_{-0.019}^{0}$ mm 外轮廓，深度为 $5_{0}^{+0.019}$ mm，单边留 0.5 mm 精加工余量，如图 7—3—8 所示。

（3）测量方形外轮廓尺寸，调整刀具补偿值，精加工至图样要求，如图 7—3—9 所示。

（4）安装中心钻并对刀，设定刀具加工参数，钻三个中心孔。安装 $\phi 8$ mm 钻头并对刀，钻三个孔至 $\phi 8$ mm，满足图样要求，如图 7—3—10 所示。

（5）安装 $\phi 6$ mm 立铣刀并对刀，设定刀具加工参数，粗加工三角形内轮廓，单边留 0.5 mm 精加工余量，如图 7—3—11 所示。

（6）清根并去除余料。实测三角形内轮廓尺寸，调整刀具补偿值，精加工至图样要求，如图 7—3—12 所示。

图7—3—8 安装铣刀并对刀

图7—3—9 测量

图7—3—10 加工3个ϕ8孔

图 7—3—11　粗加工三角形内轮廓

图 7—3—12　清根并去除余料

五、查点坐标（见图 7—3—13）

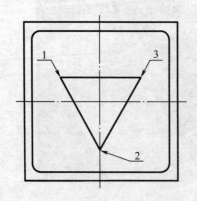

第1个点坐标：X=-13.244，Y=7.647
第2个点坐标：X=0.000，Y=-15.293
第3个点坐标：X=13.244，Y=7.647

图 7—3—13　查点坐标

六、参考程序

说明：粗铣和精铣时使用同一个加工程序，只需调整刀具参数即可。

1. 工件一加工参考程序

（1）加工方形内轮廓（φ6 mm 立铣刀）。

G54 G17 G90 G00 Z150 M03 S1000；

T01 D01；

X0 Y18；（安全点）

G00 Z5；

M08；

G01 Z0.5 F150；

G01 G41 D01 Y22.5 Z－3；

G01 X－17.5；

G03 X－22.5 Y17.5 CR＝5；

G01 Y－17.5；

G03 X－17.5 Y－22.5 CR＝5；

G01 X17.5；

G03 X22.5 Y－17.5 CR＝5；

G01 Y17.5；

G03 X17.5 Y22.5 CR＝5；

G01 X0；

G40 X0 Y18；

G01 Z5；

M09；

G00 Z100；

G40 X0 Y100；

M30；

（2）加工三角形轮廓（φ6 mm 立铣刀）。

G54 G17 G90 G00 Z100 M03 S1000；

T01 D01；

G00 X－16 Y16；

G00 Z5；

M08；

G01 Z－3 F130；

G41 Y7.647；

G01 X13.244 Y7.647；

G01 X0 Y－15.293；

G01 X－13.244 Y7.647；

G01 Y16;

G01 Z5;

M09;

G00 Z100. ;

G40 X0 Y0;

M30;（程序结束）

2. 工件二加工参考程序

（1）钻孔程序（钻孔程序一样，只需修改钻孔深度和加工参数）。

G54 G17 G90 G00 Z100 M03 S800;

G00 X - 20 Y20;

G00 Z5;

M08;

X - 13. 244 Y7. 647;

CYCLE 81 (10, 10, 2, 12);（钻孔循环）

X0 Y - 15. 293;

CYCLE 81 (10, 10, 2, 12);（钻孔循环）

X13. 244 Y7. 647;

CYCLE 81 (10, 10, 2, 12);（钻孔循环）

X0 Y0;

CYCLE 81 (10, 10, 2, 7.5);（钻孔循环）

G01 Z10;

M09;

G00 Z100;

M30;（程序结束）

（2）加工外轮廓（φ10 mm 立铣刀）。

G54 G17 G90 G00 Z100 M03 S1000;

T01 D01;

X0 Y - 32. 5;（采用圆弧入刀法）

G00 Z5;

M08;

G01 Z - 3 F150;

G41 G01 X10;

G03 X0 Y - 22. 5 CR = 10;

G01 X - 17;

G02 X - 22. 5 Y - 17 CR = 5. 5;

G01 Y17;

G02 X - 17 Y22. 5 CR = 5. 5;

G01 X17;

G02 X22. 5 Y17 CR = 5. 5；

G01 Y - 17；

G02 X17 Y - 22. 5 CR = 5. 5；

G01 X0；

G03 X - 10 Y - 32. 5 CR = 10；

G01 G40 X0 Y - 32. 5；

G01 Z10；

M09；

G00 Z100；

M30；

（3）加工三角形内轮廓（ϕ6 mm 立铣刀）。

G54 G17 G90 G00 Z100 M03 S1200；

T01 D01；

G00 X0 Y0；

G00 Z5；

M08；

G01 Z - 2 F120；

G41 G01 X - 13. 244 Y7. 647；

G01 X0 Y - 15. 293；

G01 X13. 244 Y7. 647；

X - 13. 244 Y7. 647；

G01 X0 Y - 15. 293；

G01 G40 X0 Y0；

G01 Z10. ；

M09；

G00 Z150；

M30；

七、质量控制

1. 尺寸不合格

（1）粗、精加工要分开，加工余量要合理，粗加工余量控制在 0. 5 ~ 0. 8 mm 之间。

（2）测量误差过大。

2. 几何公差不合格

几何公差不合格的原因如下：

（1）工件定位超差，平行垫铁误差过大。

（2）夹具未清洁而影响定位精度。

（3）机床精度降低，主轴不垂直。

3. 表面粗糙度不合格

表面粗糙度不合格的原因如下：

（1）切削参数设置不合理。

（2）刀具不锋利。

（3）机床振动，装夹不牢固引起振动。

（4）刀具太长，刚度差。

八、考核标准（见表 7—3—3）

表 7—3—3　　　　　　　　　　　　考核标准

考核项目		项目名称			编号	
		考核要求	配分	评分标准	结果	得分
现场操作规范	1	工具的正确使用	2	违反规定不得分		
	2	量具的正确使用	2	违反规定不得分		
	3	刀具的合理使用	2	违反规定不得分		
	4	设备的正确操作及维护和保养	4	违反规定扣 2～4 分		
工序制定及编程	1	工序制定合理，选择刀具正确	10	违反规定扣 3～10 分		
	2	指令应用合理、得当、正确	15	指令错误扣 5～15 分		
	3	程序格式正确，符合工艺要求	15	工艺不符合规定扣 5～15 分		
尺寸精度	1	$45^{+0.019}_{0}$ mm，两处	2	每超差 0.01 mm 扣 1 分		
	2	32.65 mm	3	每超差 0.01 mm 扣 1 分		
	3	7.5 mm	2	超差 0.1 mm 以上不得分		
	4	10 mm	3	超差 0.1 mm 以上不得分		
	5	$8^{-0.08}_{-0.10}$ mm	2	每超差 0.01 mm 扣 1 分		
	6	$4 \times R5.5$ mm	3	每超差 0.01 mm 扣 1 分		
	7	$45^{0}_{-0.019}$ mm，两处	2	超差不得分		
	8	$3 \times \phi 8$ mm	3	每超差 0.01 mm 扣 1 分		
	9	$5^{+0.019}_{0}$ mm	3	每超差 0.01 mm 扣 1 分		
表面粗糙度		$Ra1.6\ \mu m$	2	每超差一级扣 1 分		
几何公差	1	0.015 | A | //	2	超差不得分		
	2	= | 0.015 | B	2	超差不得分		
	3	= | 0.015 | C	2	超差不得分		

考核项目		项目名称			编号	
		考核要求	配分	评分标准	结果	得分
其他	1	按时完成		超时≤15 min 扣5分		
				15 min＜超时≤30 min 扣15分		
				超时＞30 min 不计分		
	2	两件镶嵌	20	①三角形部分能够镶嵌，间隙符合要求得10分，间隙每超差0.01 mm扣1分。不能镶入不得分 ②外形能够镶入，间隙符合要求，在①的得分基础上加10分；间隙每超差0.01 mm扣2分。不能镶入不得分		
总配分			100	总分		
加工时间			4 h		监考	
开始时间		结束时间			日期	
其他情况					备注	

评分人：　年　月　日　　　　核分人：　年　月　日

数控技能大赛造型与编程加工

模块目标

1. 能读懂图样的要求。
2. 能熟练运用 Mastercam X7 软件的实体造型功能完成零件的实体造型。
3. 能合理安排加工工艺路线，根据零件的特点选用加工刀具。
4. 能合理选用 Mastercam X7 软件的二维、三维刀路功能完成零件加工刀具路径的编制。

项目一　样题一

一、项目描述

1. 运用 Mastercam X7 软件，按图 8—1—1 所示的要求完成数控技能大赛样题三的实体造型和刀具路径编制。

2. 零件效果图如图 8—1—2 所示。

二、项目分析

1. 造型思路分析

（1）四方形底板为整个实体的基础，先进行挤出。

（2）按照加工的思路，先进行反面的造型，再进行正面的造型。

（3）全部增加的凸缘完成后，再进行挤出切割生产中间通孔。

2. 编程思路分析

（1）先加工方形面，方便翻面加工时装夹。

（2）底平面加工完成后，先用钻头钻通孔，方便后面挖槽加工时直接下刀。

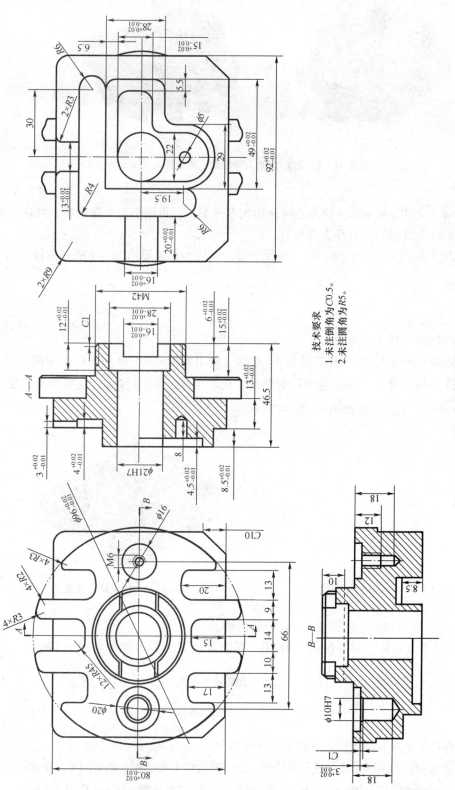

技术要求
1. 未注倒角为C0.5。
2. 未注圆角为R5。

图8—1—1 数控技能大赛样题三零件图

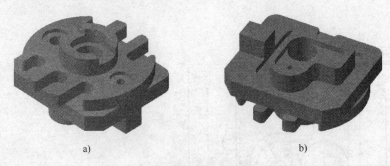

图 8—1—2　数控技能大赛样题三效果图

a）正面　b）反面

（3）底面加工先用 $\phi40$ mm 立铣刀去除两边大部分余料，再用小刀去除残料，再进行精修，保证精加工时余量均匀，刀具受力均匀。

（4）凸面加工先用大直径刀具去除大部分余量，再用小直径刀具加工小槽和精修。

三、项目实施

1. 零件造型操作过程

（1）挤出 92 mm×80 mm 底座。

1）打开 Mastercam X7，按图样要求在 XY 平面上画出如图 8—1—3 所示的平面图。

2）单击 🔼 按钮，弹出"串连选项"对话框，选取边界，单击 ✅ ，设置挤出高度为 13 mm，单击 ✅ ，生成实体如图 8—1—4 所示。

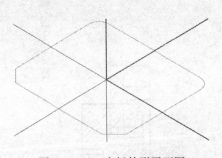

图 8—1—3　底板外形平面图

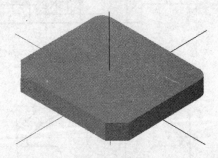

图 8—1—4　底板挤出效果

（2）在主板上挤出切割生成深度 4 mm 的 L 形槽。

1）在绘图区下方设置"屏幕视角"为 2D，平面 Z 高度为 13，如图 8—1—5 所示。

| 2D | 屏幕视角 | 平面 | Z | 13.0 | ▼ | 10 | ▼ | 层别 | 1 | ▼ |

图 8—1—5　设置视角和高度参数

2）在实体上方绘制 L 形边框，如图 8—1—6 所示。

3）单击 🔼 按钮，弹出"串连选项"对话框，逆时针选取 L 形边框，箭头向下，单击 ✅ ，设置挤出操作为"切割实体"，挤出距离为 4 mm，单击 ✅ ，生成实体如图 8—1—7 所示。

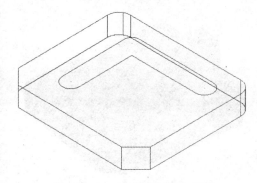

图 8—1—6　L形槽边界平面图

图 8—1—7　L形槽挤出效果

（3）在主板上挤出切割生成宽度 13 mm，深度 3 mm 槽。

1）在实体上方绘制宽度为 13 mm 的宽槽边框，如图 8—1—8 所示。

2）单击 ⬆ 按钮，弹出"串连选项"对话框，逆时针选取边框，箭头向下，单击 ✓ ，设置挤出操作为"切割实体"，挤出距离为 3 mm，单击 ✓ ，生成实体如图 8—1—9 所示。

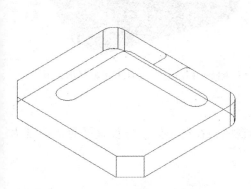

图 8—1—8　13 宽槽边界平面图

图 8—1—9　13 宽槽挤出效果

（4）挤出凸缘生成 20 mm×16 mm 凸台和 L 形凸台。

1）在实体上方绘制 20 mm×16 mm 方形和 L 形边框，如图 8—1—10 所示。

2）单击 ⬆ 按钮，弹出"串连选项"对话框，逆时针选取 20 mm×18 mm 边框和 L 形边框，方向向上，单击 ✓ ，设置挤出操作为"增加凸缘"，挤出距离为 15 mm，单击 ✓ ，生成实体如图 8—1—11 所示。

（5）在 L 形凸台上切割出深度 4.5 mm L 形槽。

1）在绘图区下方设置平面 Z 高度为 28 mm，在 L 形凸台上方画出深度 4.5 mm L 形槽的边框，如图 8—1—12 所示。

2）单击 ⬆ 按钮，弹出"串连选项"对话框，顺时针选取边框，单击 ✓ ，设置挤出操作为"切割实体"，挤出距离为 4.5 mm，单击 ✓ ，生成实体如图 8—1—13 所示。

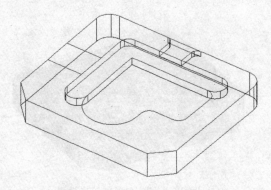

图 8—1—10　两凸台边界平面图

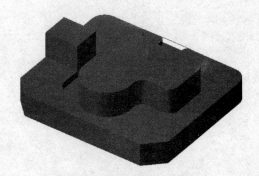

图 8—1—11　两凸台挤出效果

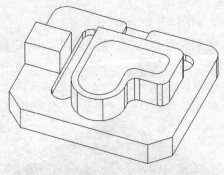

图 8—1—12　4.5 深 L 形槽边界平面图

图 8—1—13　4.5 深 L 形槽挤出效果

（6）在 L 形槽上旋转切割生成 ϕ5 mm 孔。

1）单击快捷菜单上 按钮，切换构图面为前视图；在绘图区下方设置平面 Z 高度为 19.5 mm。

2）根据图样画出如图 8—1—14 所示的图形。

3）单击 按钮，弹出"串连选项"对话框，选择边框如图 8—1—15 所示，单击 ，选择旋转轴如图 8—1—16 所示，在弹出的方向对话框中单击 ，设置旋转实体参数如图 8—1—17 所示，单击 ，生成实体如图 8—1—18 所示。

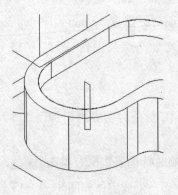

图 8—1—14　旋转边界

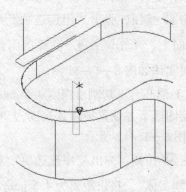

图 8—1—15　旋转边界选择效果

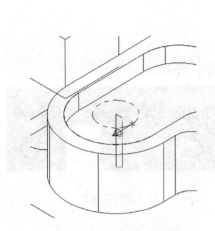

图 8—1—16　选择旋转轴　　　　图 8—1—17　设置旋转实体参数

（7）翻转实体

1）单击快捷菜单上 按钮，切换到前视图，把画好的实体切换到前视图，如图 8—1—19 所示。

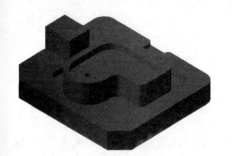

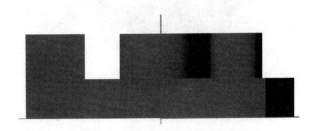

图 8—1—18　旋转切割效果　　　　图 8—1—19　前视图效果

2）单击快捷菜单上 按钮，选取整个实体为要旋转的实体，单击 确定；在弹出的对话框中，按如图 8—1—20 所示设置，单击 ，在弹出的对话框中选择 ，生成如图 8—1—21 所示图形，单击 确定。

3）单击快捷菜单上 按钮清除颜色，单击快捷菜单上 按钮，生成等角视图如图 8—1—22 所示。

（8）在主板另一面挤出凸缘生成带槽圆块。

1）单击快捷菜单上 按钮，切换到俯视图构图面，在绘图区下方设置平面 Z 高度为 0。

2）绘制带槽圆块，如图 8—1—23 所示。

图 8—1—20　设置旋转参数

图 8—1—21　旋转后效果

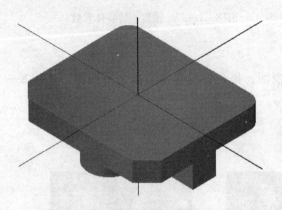

图 8—1—22　清除颜色后等角视图效果

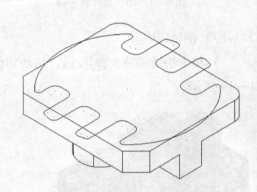

图 8—1—23　带槽圆块边界效果图

3）单击快捷菜单上 ⬆ 按钮，弹出"串连选项"对话框，选取边界，方向向上，单击 ✓ ，设置挤出操作为"增加凸缘"，设置挤出高度为 10，单击 ✓ ，生成实体如图 8—1—24 所示。

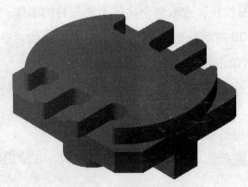

图 8—1—24　带槽圆块挤出效果

（9）在带槽圆块上挤出凸缘生成 ϕ42 mm 圆台。

1）在绘图区下方设置平面 Z 高度为 10 mm；绘制 ϕ42 mm 圆弧，如图 8—1—25 所示。

2）单击快捷菜单上 ⬆ 按钮，弹出"串连选项"对话框，选取边界，方向向上，单击 ✔，设置挤出操作为"增加凸缘"，设置挤出高度为 15 mm，单击 ✔，生成实体如图 8—1—26 所示。

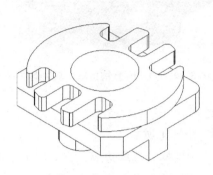 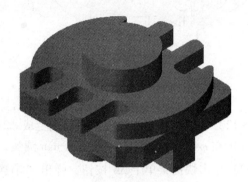

图 8—1—25　圆凸台边界平面图　　　　　图 8—1—26　圆凸台挤出效果

（10）在 ϕ42 mm 圆台上挤出切割生成 ϕ28 mm 沉孔。

1）在绘图区下方设置平面 Z 高度为 25 mm；绘制 ϕ28 mm 圆弧，如图 8—1—27 所示。

2）单击快捷菜单上 ⬆ 按钮，弹出"串连选项"对话框，选取边界，方向向下，单击 ✔，设置挤出操作为"切割实体"，设置挤出高度为 12 mm，单击 ✔，生成实体如图 8—1—28 所示。

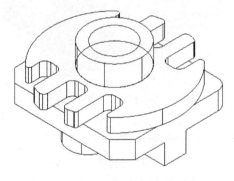 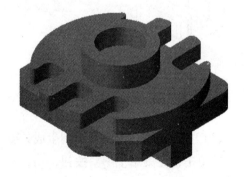

图 8—1—27　沉孔边界平面图　　　　　图 8—1—28　沉孔挤出切割效果

（11）在 ϕ42 mm 圆台上挤出切割生成宽度 16 mm 槽。

1）在 ϕ42 mm 圆台上绘制 42 mm × 16 mm 矩形，如图 8—1—29 所示。

2）单击快捷菜单上 ⬆ 按钮，弹出"串连选项"对话框，选取边界，方向向下，单击 ✔，设置挤出操作为"切割实体"，设置挤出高度为 6 mm，单击 ✔，生成实体如图 8—1—30 所示。

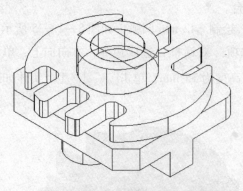

图 8—1—29　16 宽槽边界平面图

图 8—1—30　16 宽槽挤出切割效果

（12）在 φ42 mm 圆台上挤出切割生成 φ21 mm 通孔。

1）在 φ42 mm 圆台上绘制 φ21 mm 圆弧，如图 8—1—31 所示。

2）单击快捷菜单上 按钮，弹出"串连选项"对话框，选取边界，方向向下，单击 ，设置挤出操作为"切割实体"，挤出距离选择"全部贯穿"，单击 ，生成实体如图 8—1—32 所示。

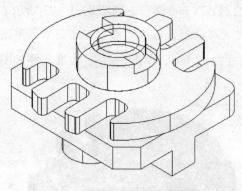

图 8—1—31　通孔边界平面图

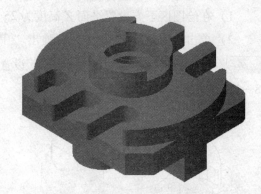

图 8—1—32　通孔挤出切割效果

（13）在带槽圆块上旋转切割生成 φ10 mm 沉孔和 M6 mm 螺纹沉孔。

1）单击快捷菜单上 按钮，切换构图面为前视图；在绘图区下方设置平面 Z 高度为 0。

2）根据图样画出图 8—1—33 所示的图形。

3）单击 按钮，弹出"串连选项"对话框，选择边框如图 8—1—34 所示，单击 ，选择旋转轴如图 8—1—35 所示，在弹出的方向对话框中单击 ，在旋转实体的设置对话框中设置旋转操作为"切割实体"，起始角度和终止角度分别为 0°和 360°，单击 ，生成实体如图 8—1—36 所示。

4）重复以上动作 2）、3），生成 M6 螺纹沉孔，如图 8—1—37 所示。

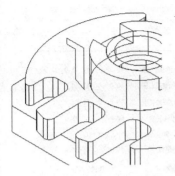 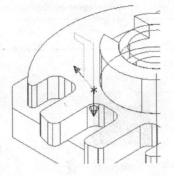 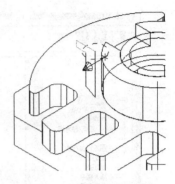

图8—1—33 旋转边界　　　图8—1—34 旋转边界选择效果　　　图8—1—35 选择旋转轴

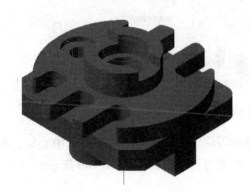 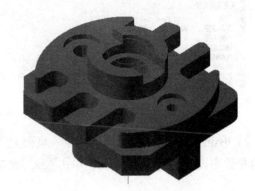

图8—1—36 旋转生成沉孔效果　　　图8—1—37 旋转生成螺纹沉孔效果

2. 准备加工条件

（1）选择机床类型。选取控制面板菜单栏"机床类型（M）"，选择"铣床（M）"，选取"默认"。

（2）设置仿真毛坯。左键单击"操作管理器"中"刀具路径管理器"页面中"素材设置"选项，设置毛坯形状为"立方体"，X、Y、Z 的长度分别为 98 mm、98 mm、50 mm。

3. 方形面加工

（1）用面铣刀铣平底面。

1）在平面上绘制出零件方面的外形，选取菜单栏上"刀具路径（T）"的下拉菜单"平面铣（A）"，在弹出的"串连选项"对话框中选取底面边框，单击 ✔ 确定。

2）单击"刀具"页面，单击"选择刀库"按钮，在弹出的对话框中选取 ϕ50 mm 面铣刀，默认刀柄，按图8—1—38 所示设置切削参数，设置共同参数中工作表面和深度都为 0，单击 ✔ 确定，生成刀具路径如图8—1—39 所示。

（2）选用 ϕ20 mm 钻头钻 ϕ21 mm 通孔到 48 mm 深度。

1）按图在 ϕ20 mm 孔和 ϕ5 mm 孔处绘制相应的圆，选取菜单栏上"刀具路径（T）"的下拉菜单 钻孔(D)…，弹出的"选取钻孔点"对话框，选取 ϕ20 mm 圆和 ϕ5 mm 圆的圆心，单击 ✔ 确定。

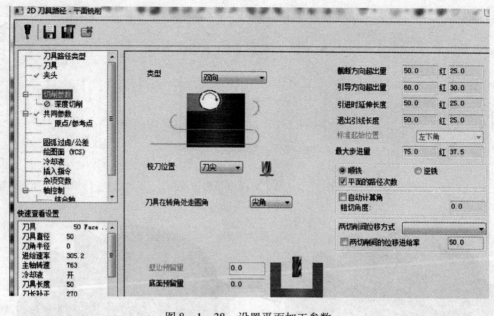

图 8—1—38　设置平面加工参数

2）单击弹出的对话框中"刀具"页面上"选择刀库"按钮，选择 ϕ10 mm 中心钻，在共同参数中设置深度为 –1 mm，单击 ✔ 确定；生成刀具路径如图 8—1—40 所示。

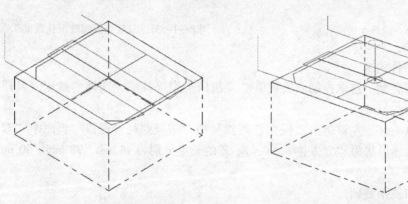

图 8—1—39　平面加工刀具路径　　　　图 8—1—40　中心钻钻孔刀具路径

3）重复 1）、2）步骤，选择 ϕ20 mm 钻头。

4）在切削参数中设置循环方式为"断屑式"，"pack"值为 5，在共同参数中设置深度为 –38 mm，单击 ✔ 确定，生成刀具路径如图 8—1—41 所示。

（3）选用 ϕ20 mm 立铣刀外形粗加工高度为 8.5 mm 的方形凸台和 L 形凸台，去掉大部分余料。

1）在平面上画出如图 8—1—42 所示图形，选取菜单栏上"刀具路径（T）"的下拉菜单"外形铣削（C）"，在弹出的"串连选项"对话框中选取图 8—1—42 所示图形，单击 ✔ 确定。

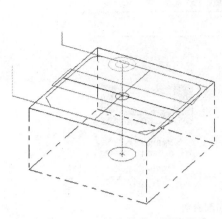

图8—1—41 钻头钻孔刀具路径

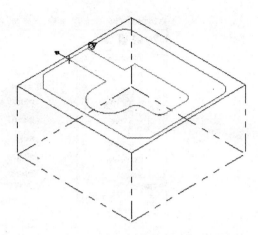

图8—1—42 中间凸块加工边界

2）单击弹出的对话框中"刀具"页面上"选择刀库"按钮，选择 $\phi20$ mm平底刀。

3）按图8—1—43所示设置切削参数，按图8—1—44所示设置背吃刀量，按图8—1—45所示设置进刀、退刀；按图8—1—46所示设置分层参数，设置共同参数中工作表面为绝对坐标0，深度为绝对坐标 −8.5，按 ✔ 确定；生成刀具路径如图8—1—47所示。

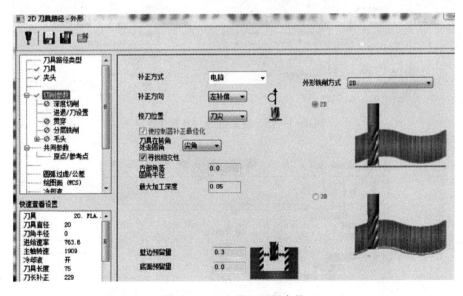

图8—1—43 设置切削参数

（4）选用 $\phi20$ mm机夹立铣刀外形铣削大方形92 mm×80 mm凸台。

1）鼠标移至刀具路径4处，左键选择刀具路径4，单击右键，把鼠标移到弹出菜单的复制处，单击左键，复制刀具路径4；在刀具路径管理器下方空白处单击右键，在弹出的菜单中选择粘贴，生成刀具路径5。

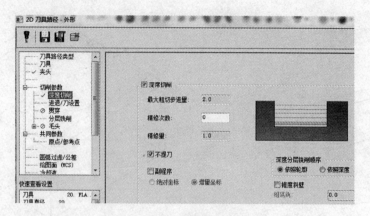

图 8—1—44 设置深度切削参数

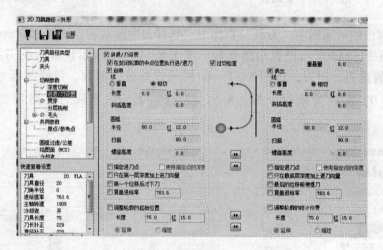

图 8—1—45 设置进刀、退刀参数

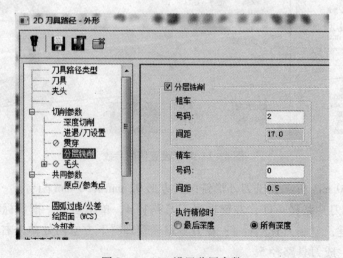

图 8—1—46 设置分层参数

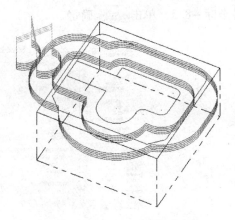

图 8—1—47 凸台加工刀具路径

2）单击刀具路径 5 左边的 ⊞ ，展开刀具路径 5 ，左键双击刀具路径 5 下方的 ▪ 图形 - (1) 串连(s) ，在弹出的串连管理对话框空白处单击右键，选择"全部重新串连"，顺时针选取外边界，如图 8—1—48 所示，单击 ✔ 确定。

3）左键单击刀具路径 5 的 ▪ 参数 ，在弹出的参数设置对话框中修改共同参数中的工作表面（T）为绝对坐标 –8.5，深度（D）为绝对坐标 –21.5，关闭分层参数，单击 ✔ 确定。

4）单击刀具路径管理器下方的 ▪ 按钮，重新生成刀具路径如图 8—1—49 所示。

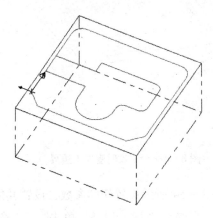

图 8—1—48 大方形凸台边界

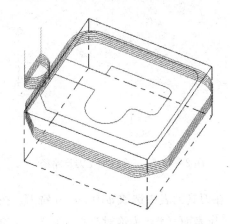

图 8—1—49 大方形凸台加工刀具路径

（5）选用 φ10 mm 立铣刀加工去除 L 形凸台和方形凸台之间的残料。

1）选取菜单栏上"刀具路径（T）"的下拉菜单"外形铣削（C）"，在弹出的"串连选项"对话框中选择 ◯◯ ，顺时针选取部分串连外边界，如图 8—1—50 所示，单击 ✔ 确定。

2）单击弹出的对话框中"刀具"页面上"选择刀库"按钮，选择 φ10 mm 平底刀。

3）按图 8—1—51 所示设置进刀/退刀参数，修改共同参数中的工作表面（T）为绝对坐标 0，深度（D）为绝对坐标 -8.5，单击 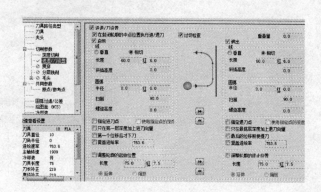 确定。

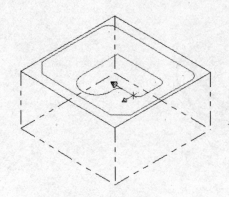

图 8—1—50　残料加工边界

图 8—1—51　设置进刀、退刀参数

4）单击刀具路径管理器下方的 ▓ 按钮，重新生成刀具路径如图 8—1—52 所示。

（6）用 φ10 mm 立铣刀加工深度为 4.5 mm 的 L 形槽。

1）在平面上画出如图 8—1—53 所示图形，选取菜单栏上"刀具路径（T）"的下拉菜单"外形铣削（C）"，在弹出的"串连选项"对话框中选取图 8—1—53 所示图形，单击 ▓ 确定。

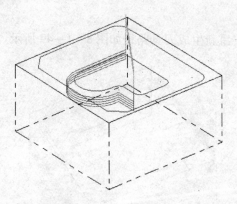

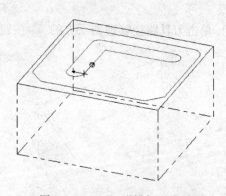

图 8—1—52　残料加工刀具路径

图 8—1—53　L 形槽加工边界

2）在刀具列表中选取 φ10 mm 立铣刀，按图 8—1—54 所示设置切削参数，设置共同参数中的工作表面（T）为绝对坐标 -8.5，深度（D）为绝对坐标 -12.5，单击 ▓ 确定，生成刀具路径如图 8—1—55 所示。

（7）选用 φ10 mm 立铣刀粗加工宽度为 13 mm，深度为 3 mm 槽。

1）在平面上画出如图 8—1—56 所示图形，选取菜单栏上"刀具路径（T）"的下拉菜单"外形铣削（C）"，在弹出的"串连选项"对话框中选取图 8—1—56 所示图形，单击 ▓ 确定。

2）按图 8—1—57 所示设置切削参数，深度切削中设置最大粗切步进量为 1.5 mm，精修 0 次，不提刀；按图 8—1—58 所示设置进刀、退刀参数，设置共同参数中的工作表面

（T）为绝对坐标 –8.5，深度（D）为绝对坐标 –11.5，单击 ✔ 确定，生成刀具路径如图 8—1—59 所示。

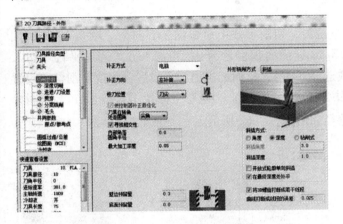

图 8—1—54　设置切削参数

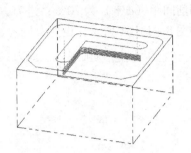

图 8—1—55　L形槽加工刀具路径

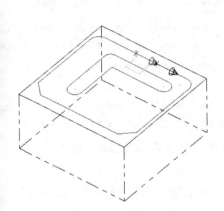

图 8—1—56　13 宽槽加工边界

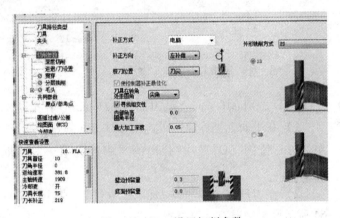

图 8—1—57　设置切削参数

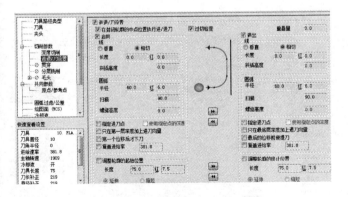

图 8—1—58　设置进刀、退刀参数

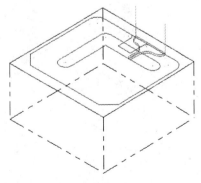

图 8—1—59　13 宽槽加工刀具路径

（8）选用 φ10 mm 立铣刀加工宽度为 12 mm，深度为 4 mm 的 L 形槽。

1）在平面上画出如图 8—1—60 所示图形，选取菜单栏上"刀具路径（T）"的下拉菜单"2D 挖槽（2）"，在弹出的"串连选项"对话框中选取图 8—1—60 所示图形，单击 ✓ 确定。

2）在刀具列表中选取 ϕ10 mm 立铣刀，切削参数中设置加工方向为"顺铣"，挖槽加工方式为"标准"，壁边预留量为 0.3 mm，底面预留量为 0；粗加工方式选"平行环切"，切削间距（ϕ%）为 70%；进刀方式选择"关"，精加工进退刀不设置；深度切削参数设置如图 8—1—61 所示，设置共同参数中的工作表面（T）为绝对坐标 0，深度（D）为绝对坐标 −4，单击 ✓ 确定，生成刀具路径如图 8—1—62 所示。

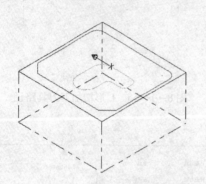

图 8—1—60 中间 L 形槽加工边界

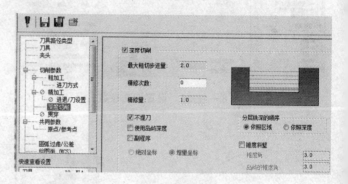

图 8—1—61 设置深度切削参数

（9）选用 ϕ10 mm 立铣刀加工 ϕ21 mm 通孔至 ϕ20.8 mm，深度为 36 mm。

1）在平面上坐标原点处画出 ϕ21 mm 圆弧，选取菜单栏上"刀具路径（T）"的下拉菜单"外形铣削（C）"，在弹出的"串连选项"对话框中逆时针选取 ϕ21 mm，单击 ✓ 确定。

2）在刀具列表中选取 ϕ10 mm 立铣刀，按图 8—1—63 所示设置切削参数；按图 8—1—64 所示设置进退刀、刀设置，设置共同参数中的工作表面（T）为绝对坐标 0，深度（D）为绝对坐标 −36，单击 ✓ 确定，生成刀具路径如图 8—1—65 所示。

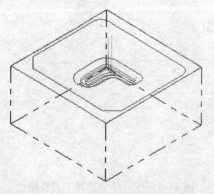

图 8—1—62 中间 L 形槽加工刀具路径

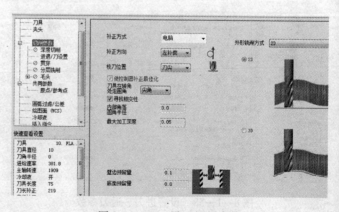

图 8—1—63 设置切削参数

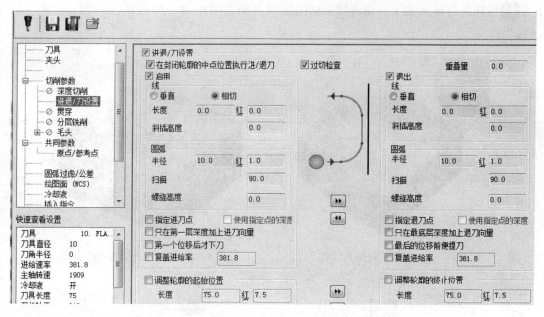

图 8—1—64　设置进刀、退刀参数

（10）选用 ϕ10 mm 立铣刀精修各外形边界。

1）选取菜单栏上"刀具路径（T）"的下拉菜单"外形铣削（C）"，在弹出的"串连选项"对话框中顺时针选取要加工边界，单击 ✔ 确定。

2）在刀具列表中选取 ϕ10 mm 立铣刀，按图 8—1—63 所示设置切削参数（壁边预留量根据测量结果和公差要求设置），按图 8—1—64 所示设置进刀、退刀参数，根据实际设置共同参数中的工作表面（T）和深度（D），深度方向一次到位；单击 ✔ 确定，生成精修边界刀具路径。具体略。

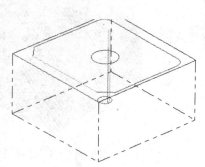

图 8—1—65　扩通孔加工刀具路径

（11）选用 ϕ5 mm 钻头钻 ϕ5 mm 孔。

参照钻通孔，略。

（12）用镗刀镗 ϕ21 mm 通孔至 35 mm 深。

1）选取菜单栏上"刀具路径（T）"的下拉菜单"钻孔（D）"，在弹出的"选取钻孔点"对话框中选取底面外形中圆弧的圆心，单击 ✔ 确定。

2）单击弹出的对话框中"刀具"页面上"选择刀库"按钮，选择 ϕ21 mm 镗刀，切削参数中选择循环方式为 Bore #2 (stop spindle, rapid ▾) ，设置共同参数中的工作表面（T）为绝对坐标 0，深度（D）为绝对坐标 −35，单击 ✔ 确定，生成加工刀具路径。

4. 底面仿真结果

选择所有已编制刀具路径；单击刀具编辑管理器中 ▣ 按钮，进入仿真界面，单击界面

下方 ▶ 按钮进行仿真加工，仿真结果如图 8—1—66 ~ 图 8—1—76 所示。

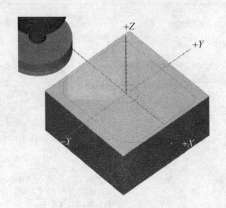

图 8—1—66　平面加工结果

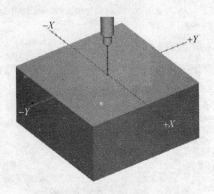

图 8—1—67　中心钻加工结果

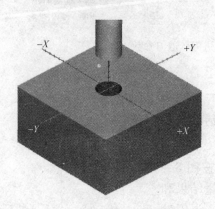

图 8—1—68　钻孔结果

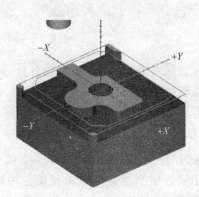

图 8—1—69　凸台粗加工结果

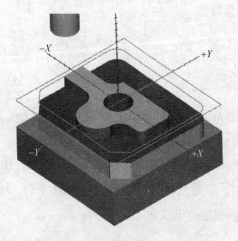

图 8—1—70　方形台粗加工结果

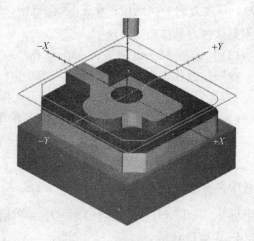

图 8—1—71　残料清角结果

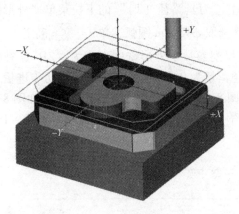

图 8—1—72　L形槽加工结果

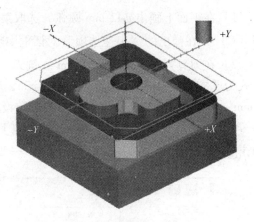

图 8—1—73　喇叭形槽加工结果

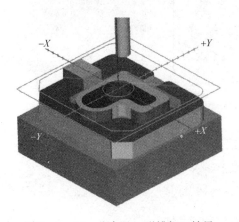

图 8—1—74　凸台上 L 形槽加工结果

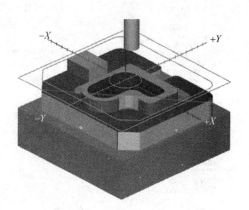

图 8—1—75　通孔扩孔结果

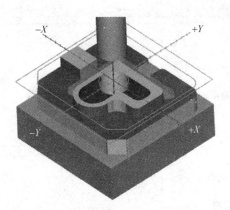

图 8—1—76　镗孔结果

5. 顶面加工

（1）平面加工，保证工件总高为 46.5 mm，参照底平面加工，省略。

（2）选用 ϕ20 mm 立铣刀加工 ϕ42 mm 凸台。

1）在平面上画出 $\phi42$ mm 圆弧，选取菜单栏上"刀具路径（T）"的下拉菜单"外形铣削（C）"，在弹出的"串连选项"对话框中顺时针选取 $\phi42$ mm 圆弧，单击 ✔ 确定。

2）在刀具列表中选取 $\phi20$ mm 立铣刀，设置切削参数中外形铣削方式为"2D"，补偿方式为"左补偿"，壁边预留量为 0.3 mm，底部预留量为 0；背吃刀量中最大粗切步进量为 2 mm，不精修，不提刀；进刀、退刀参数设置如图 8—1—77 所示；分层铣削参数如图 8—1—78 所示；设置共同参数中的工作表面（T）为绝对坐标 0，深度（D）为绝对坐标 −15，单击 ✔ 确定，生成刀具路径如图 8—1—79 所示。

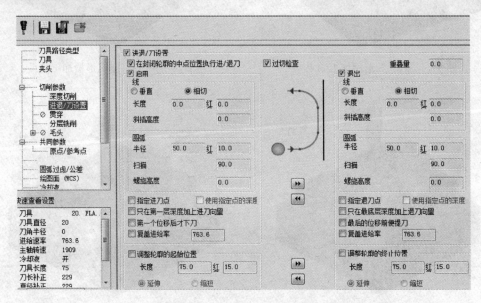

图 8—1—77　设置进刀、退刀参数

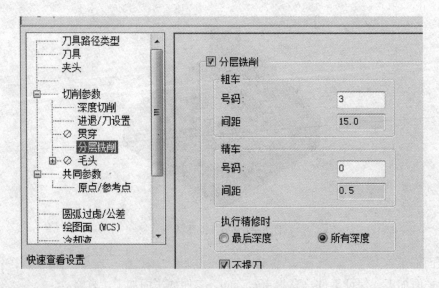

图 8—1—78　设置分层参数

（3）选用 $\phi20$ mm 立铣刀加工 $\phi96$ mm 圆台。

1）在平面上画出 $\phi96$ mm 圆弧，选取菜单栏上"刀具路径（T）"的下拉菜单"外形铣削（C）"，在弹出的"串连选项"对话框中顺时针选取 $\phi96$ mm 圆弧，单击 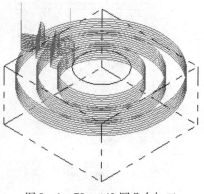 确定。

2）在刀具列表中选取 $\phi20$ mm 立铣刀，参照上一步设置切削参数和进刀、退刀参数，分层参数不设置，设置共同参数中的工作表面（T）为绝对坐标 -15，深度（D）为绝对坐标 -25，单击 ✓ 确定，生成刀具路径如图 8—1—80 所示。

图 8—1—79 $\phi42$ 圆凸台加工
刀具路径

（4）钻 M6 螺纹孔底孔和 $\phi10$ mm 孔底孔。

1）分别在图上 M6 螺纹孔和 $\phi10$ mm 孔的位置画点，如图 8—1—81 所示。

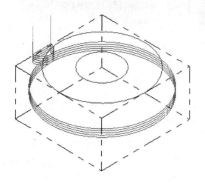

图 8—1—80 $\phi96$ 圆台加工刀具路径

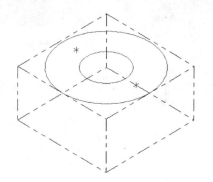

图 8—1—81 预钻孔点

2）选取菜单栏上"刀具路径（T）"的下拉菜单"钻孔（D）"，在弹出的"选取钻孔点"对话框中选取已画的两点，单击 ✓ 确定。

3）单击弹出的对话框中"刀具"页面上"选择刀库"按钮，选择 $\phi10$ mm 中心钻，设置共同参数如图 8—1—82 所示，单击 ✓ 确定，生成刀具路径如图 8—1—83 所示。

4）重复以上 2），选取 $\phi10$ mm 孔所在点，单击 ✓ 确定；选择 $\phi9.8$ mm 钻头；在切削参数中设置循环方式为"断屑式"，"pack"值为 5，在共同参数中设置提刀速率为增量坐标 3，工作表面（T）为绝对坐标 -15，深度（D）为绝对坐标 -25；设置刀尖补正如图 8—1—84 所示，单击 ✓ 确定，生成刀具路径如图 8—1—85 所示。

5）参照 4），生成 M6 螺纹孔底孔刀具路径如图 8—1—86 所示。

（5）选用 $\phi10$ mm 立铣刀加工 $\phi28$ mm 沉孔。

1）在平面上画出 $\phi28$ mm 圆弧，选取菜单栏上"刀具路径（T）"的下拉菜单"外形铣削（C）"，在弹出的"串连选项"对话框中逆时针选取 $\phi96$ mm 圆弧，单击 ✓ 确定。

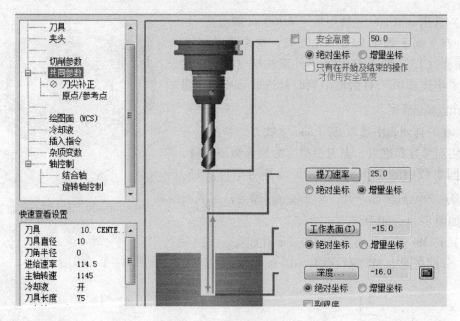

图 8—1—82　设置共同参数

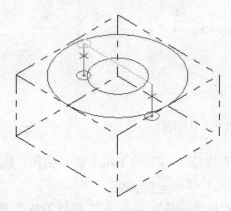

图 8—1—83　中心钻钻孔刀具路径

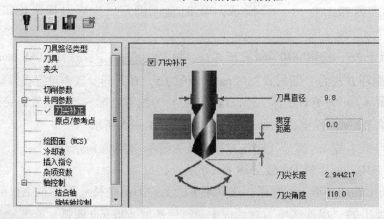

图 8—1—84　设置刀尖补正参数

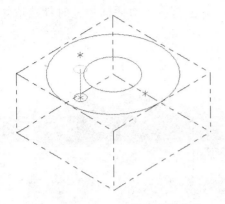

图 8—1—85 φ10 孔钻孔刀具路径

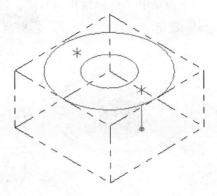

图 8—1—86 钻 M6 螺纹孔底孔刀具路径

2）在刀具列表中选取 φ10 mm 立铣刀，按图 8—1—87 所示设置切削参数，设置共同参数中的工作表面（T）为绝对坐标 0，深度（D）为绝对坐标 –12，单击 ✔ 确定，生成刀具路径如图 8—1—88 所示。

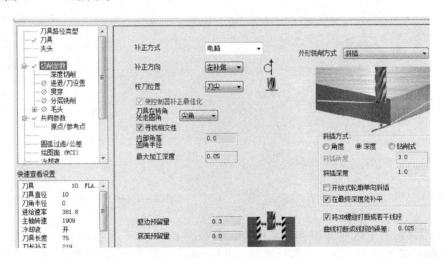

图 8—1—87 设置切削参数

（6）选用 φ10 mm 立铣刀精加工 φ20 mm 和 φ16 mm 沉孔。

1）画出 φ20 mm 圆弧，参照上一步设置切削参数（斜插深度改为 0.5 mm），设置共同参数中的工作表面（T）为绝对坐标 –14.5，深度（D）为绝对坐标 –18，单击 ✔ 确定，生成刀具路径如图 8—1—89 所示。

2）画出 φ16 mm 圆弧，参照上一步设置切削参数（斜插深度改为 0.5 mm），设置共同参数中的工作表面（T）为绝对坐标 –14.5，深度（D）为绝对坐标 –18，单击 ✔ 确定，生成刀具路径如图 8—1—90 所示。

（7）选用 φ10 mm 立铣刀加工凸台上宽度 16 mm 槽。

1）在平面上画出 50 mm × 16 mm 矩形，如图 8—1—91 所示；选取菜单栏上"刀具路径

（T）"的下拉菜单"外形铣削（C）"，在弹出的"串连选项"对话框中逆时针选取矩形，单击 ✔ 确定。

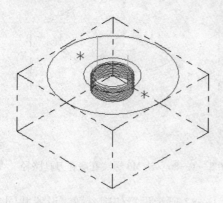

图 8—1—88 φ28 沉孔加工刀具路径

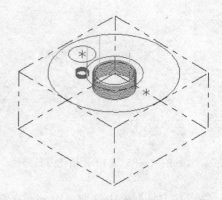

图 8—1—89 φ20 沉孔加工刀具路径

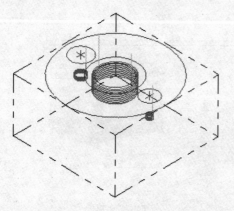

图 8—1—90 φ16 沉孔加工刀具路径

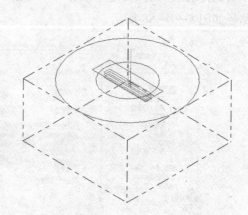

图 8—1—91 16 槽加工刀具路径

2）在刀具列表中选取 φ10 mm 立铣刀，参照图 8—1—57 所示设置切削参数，参照图 8—1—64 所示设置进刀、退刀参数，参照图 8—1—61 所示设置深度切削参数，设置共同参数中的工作表面（T）为绝对坐标 0，深度（D）为绝对坐标 - 6，单击 ✔ 确定，生成刀具路径如图 8—1—91 所示。

（8）选用 φ10 mm 立铣刀加工 φ96 mm 圆台上 13 mm、14 mm 槽。

1）按图样在平面上画出 13 mm、14 mm 槽，如图 8—1—92 所示；选取菜单栏上"刀具路径（T）"的下拉菜单"外形铣削（C）"，在弹出的"串连选项"对话框中顺时针选取两边线，如图 8—1—92 所示，单击 ✔ 确定。

2）在刀具列表中选取 φ10 mm 立铣刀，参照图 8—1—57 所示设置切削参数，参照图 8—1—58 所示设置进刀、退刀参数，参照图 8—1—61 所示设置深度切削参数，设置共同参数中提刀速率为增量坐标 30，工作表面（T）为绝对坐标 - 15，深度（D）为绝对坐标 - 25，单击 ✔ 确定，生成刀具路径如图 8—1—93 所示。

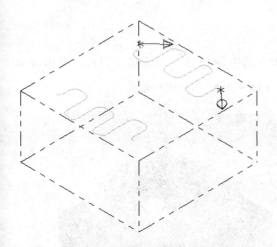

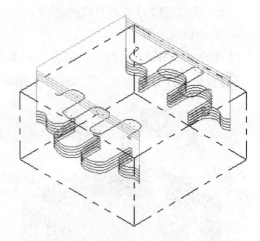

图8—1—92 宽度13、14槽边界选取效果　　　　图8—1—93 宽度13、14槽加工刀具路径

（9）选用 φ10 mm 立铣刀精加工各边界。

1）按图样在平面上画出 φ96 mm 带槽圆台平面图，如图8—1—94所示；选取菜单栏上"刀具路径（T）"的下拉菜单"外形铣削（C）"，在弹出的"串连选项"对话框中顺时针选取边界线，如图8—1—94所示，单击 ✓ 确定。

2）在刀具列表中选取 φ10 mm 立铣刀，参照图8—1—57所示设置切削参数（壁边与余量根据测量结果和公差综合考虑），参照图8—1—54所示设置进刀、退刀参数，深度切削参数不设定，设置共同参数中工作表面（T）为绝对坐标 –15，深度（D）为绝对坐标 –25，单击 ✓ 确定，生成刀具路径如图8—1—95所示。

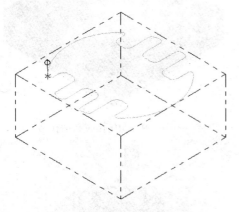

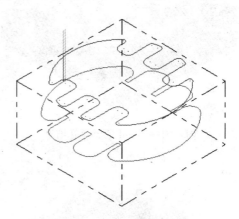

图8—1—94 带槽圆台边界选取效果　　　　图8—1—95 带槽圆台精修刀具路径

3）参照以上步骤，完成其他外形边界精加工。步骤略。

（10）选用 φ10 mm 铰刀铰 φ10 mm 孔。

参照钻孔，步骤略。

（11）选用 6 mm 丝锥攻 M6 螺纹。

参照钻孔，步骤略。

（12）用螺纹铣刀加工 M42 外螺纹。

6. 顶面仿真结果

选择所有已编制刀具路径，单击刀具编辑管理器中 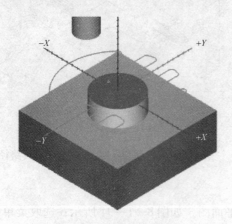 按钮，进入仿真界面，单击界面下方 ▶ 按钮进行仿真加工，仿真结果如图 8—1—96 ~ 图 8—1—105 所示。

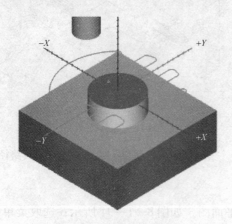

图 8—1—96 ϕ42 凸台粗加工结果

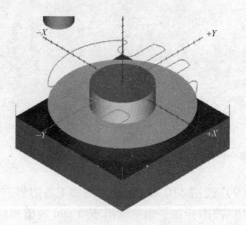

图 8—1—97 ϕ96 圆台粗加工结果

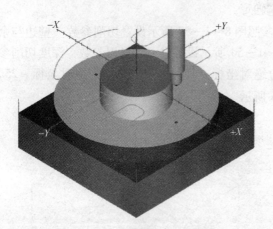

图 8—1—98 中心钻钻孔结果

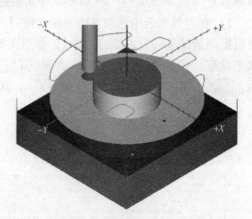

图 8—1—99 ϕ10 孔底孔钻孔结果

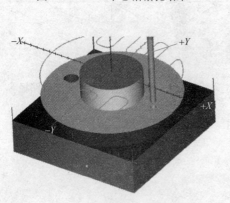

图 8—1—100 M6 螺纹孔底孔钻孔结果

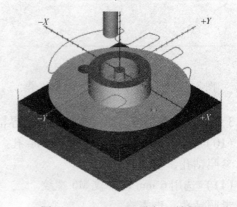

图 8—1—101 ϕ28 孔加工结果

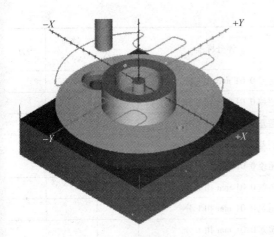

图 8—1—102 φ20 沉孔底加工结果

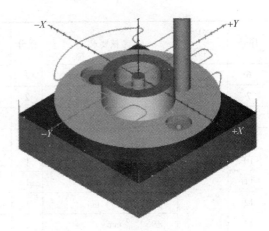

图 8—1—103 φ16 沉孔底加工结果

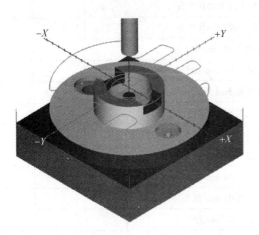

图 8—1—104 宽度 16 槽加工结果

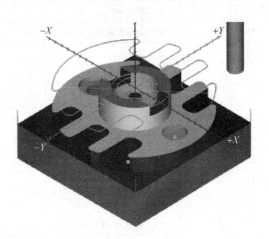

图 8—1—105 宽度 13、14 槽加工结果

四、项目评价（见表 8—1—1）

表 8—1—1 　　　　　　　　　　复杂零件（一）综合评价表

班级			姓名			学号		
实训课题		复杂零件（一）造型与编程加工				日期		
序号	考核内容	考核要求	配分	评分标准		学生自评分	教师评分	得分
1	轮廓	$92^{+0.02}_{-0.01}$ mm	2	超差 0.01 mm 扣 1 分				
2		$80^{+0.02}_{-0.01}$ mm	2	超差 0.01 mm 扣 1 分				
3		$49^{+0.02}_{-0.01}$ mm	2	超差 0.01 mm 扣 1 分				
4		$28^{+0.02}_{-0.01}$ mm	2	超差 0.01 mm 扣 1 分				
5		$15^{+0.02}_{-0.01}$ mm	2	超差 0.01 mm 扣 1 分				

续表

序号	考核内容	考核要求	配分	评分标准	学生自评分	教师评分	得分
6		$20 _{-0.01}^{+0.02}$ mm	2	超差 0.01 mm 扣 1 分			
7		$16 _{-0.01}^{+0.02}$ mm	2	超差 0.01 mm 扣 1 分			
8		$13 _{-0.01}^{+0.02}$ mm	2	超差 0.01 mm 扣 1 分			
9		$\phi20$H7	3	超差 0.01 mm 扣 1 分			
10		(22 ± 0.05) mm	1	超差 0.01 mm 扣 1 分			
11		(29 ± 0.05) mm	1	超差 0.01 mm 扣 1 分			
12		$\phi(5 \pm 0.05)$ mm	1	超差 0.01 mm 扣 1 分			
13		$\phi96 _{-0.01}^{+0.02}$ mm	2	超差 0.01 mm 扣 1 分			
14		$2 \times R6$ mm	1	1 处不成形扣 0.5 分			
15		$2 \times R3$ mm	1	1 处不成形扣 0.5 分			
16		$R5$ mm（7 处）	2	1 处不成形扣 0.5 分			
17		$\phi28 _{-0.01}^{+0.02}$ mm	2	超差 0.01 mm 扣 1 分			
18		(16 ± 0.05) mm	1	超差 0.01 mm 扣 1 分			
19		M42	2	不成形不得分			
20	轮廓	M6	2	不成形不得分			
21		$\phi(20 \pm 0.05)$ mm	1	超差 0.01 mm 扣 1 分			
22		$\phi(16 \pm 0.05)$ mm	1	超差 0.01 mm 扣 1 分			
23		$\phi10$H7	3	超差 0.01 mm 扣 1 分			
24		$2 \times (14 \pm 0.05)$ mm	2	超差 0.01 mm 扣 1 分			
25		$2 \times (10 \pm 0.05)$ mm	2	超差 0.01 mm 扣 1 分			
26		$2 \times (9 \pm 0.05)$ mm	1	超差 0.01 mm 扣 1 分			
27		$4 \times (13 \pm 0.05)$ mm	4	超差 0.01 mm 扣 1 分			
28		$2 \times (17 \pm 0.05)$ mm	2	超差 0.01 mm 扣 1 分			
29		$2 \times (15 \pm 0.05)$ mm	2	超差 0.01 mm 扣 1 分			
30		$2 \times (20 \pm 0.05)$ mm	2	超差 0.01 mm 扣 1 分			
31		$8 \times R2$ mm	4	1 处不成形扣 0.5 分			
32		$4 \times R3$ mm	2	1 处不成形扣 0.5 分			
33		$12 \times R4.5$ mm	3	1 处不成形扣 0.5 分			
34		$2 \times C10$ mm	1	不成形不得分			
35		$2 \times R8$ mm	1	1 处不成形扣 0.5 分			
36		$4.5 _{-0.01}^{+0.02}$ mm	2	超差 0.01 mm 扣 1 分			
37		$8.5 _{-0.01}^{+0.02}$ mm	2	超差 0.01 mm 扣 1 分			
38	深度	$4 _{-0.01}^{+0.02}$ mm	2	超差 0.01 mm 扣 1 分			
39		$3 _{-0.01}^{+0.02}$ mm	2	超差 0.01 mm 扣 1 分			

续表

序号	考核内容	考核要求	配分	评分标准	学生自评分	教师评分	得分
40	深度	$13^{+0.02}_{-0.01}$ mm	2	超差 0.01 mm 扣 1 分			
41		(8 ± 0.05) mm	1	超差 0.01 mm 扣 1 分			
42		$6^{+0.02}_{-0.01}$ mm	2	超差 0.01 mm 扣 1 分			
43		$12^{+0.02}_{-0.01}$ mm	2	超差 0.01 mm 扣 1 分			
44		$15^{+0.02}_{-0.01}$ mm	2	超差 0.01 mm 扣 1 分			
45		$3^{+0.02}_{-0.01}$ mm	2	超差 0.01 mm 扣 1 分			
46		$C2$ mm	2	不成形不得分			
47		(46.5 ± 0.05) mm	1	超差 0.01 mm 扣 1 分			
48	形位	30 mm、19.5 mm、5.5 mm	1	超差 0.02 mm 扣 1 分			
49		66 mm	1	超差 0.02 mm 扣 1 分			
50	平面	表面粗糙度	2	1 处超差扣 1 分			
51	工艺	切削加工工艺制定正确	3	工艺不合理扣 3 分			
52	安全文明生产	按国家颁布的安全文明生产的有关规定评定	5	1. 违反有关规定酌情扣 1~3 分，危及人身或设备安全则终止考核 2. 场地不整洁，工、夹、刀、量具等放置不合理酌情扣 1~2 分			
	合计		100	总分			

学生任务实施过程的小结及反馈：

教师点评：

项目二 样题二

一、项目描述

1. 运用 Mastercam X7 软件，按图 8—2—1 所示的要求完成数控技能大赛样题四的实体造型和刀具路径编制。

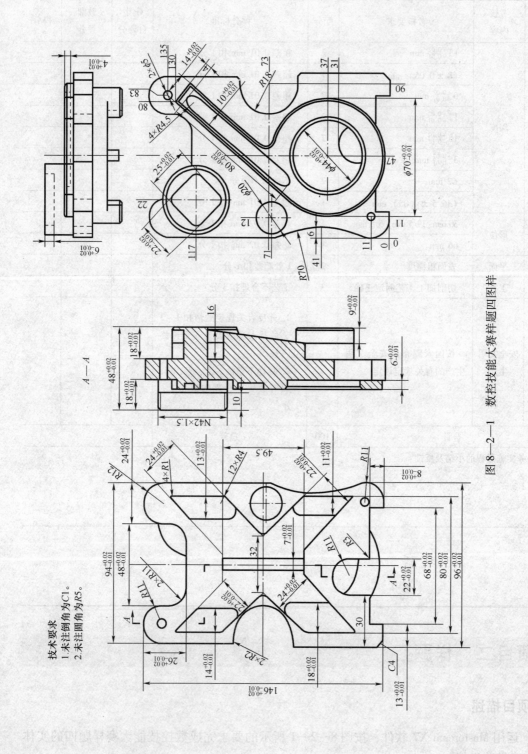

图 8—2—1　数控技能大赛样题四图样

技术要求
1. 未注倒角为C1。
2. 未注圆角为R5。

2. 零件效果图（见图8—2—2）

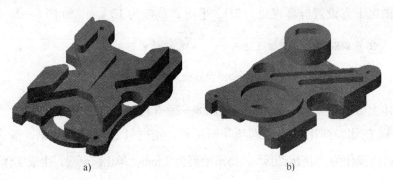

图 8—2—2　数控技能大赛样题四效果图

a）正面　b）反面

二、项目分析

1. 造型思路分析

（1）$\phi20$ mm 孔和两个 $\phi5$ mm 孔只穿过厚度 12 mm 的基板，所以在生成基板时一次生成。

（2）本图样为非对称图形，很多图素的位置不是沿轴线对称，画二维图时必须注意。

2. 编程思路分析

（1）虽然 2D 挖槽加工比外形加工刀具路径长，但由于轮廓较复杂，所以还是选用挖槽进行粗加工。

（2）由于有倾斜面，为保证倾斜面加工余量均匀，采用曲面挖槽进行有斜面部分的粗加工。

三、项目实施

1. 项目造型操作过程

（1）挤出厚度为 12 mm 的基板。

1）打开 Mastercam X7，按图样要求在 XY 平面上画出如图 8—2—3 所示平面图。

2）单击 ⬆ 按钮，弹出"串连选项"对话框，选取外边界和三个圆弧，单击 ✓ ，设置挤出高度为 12 mm，单击 ✓ ，生成实体如图 8—2—4 所示。

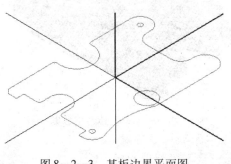

图 8—2—3　基板边界平面图

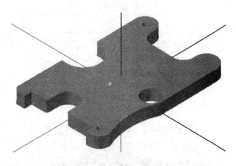

图 8—2—4　基板挤出效果

（2）挤出凸缘生成厚度为 9 mm 的 "X" 形凸台。

1）在绘图区下方设置屏幕视角为 2D，平面 Z 高度为 12 mm，如图 8—2—5 所示。

图 8—2—5　设置视角和高度参数

2）在实体上方绘制 "X" 形边框，如图 8—2—6 所示。

3）单击 ⬆ 按钮，弹出 "串连选项" 对话框，逆时针选取 L 形边框，箭头向上，单击 ✔，设置挤出操作为 "挤出凸缘"，挤出距离为 9 mm，单击 ✔，生成实体如图 8—2—7 所示。

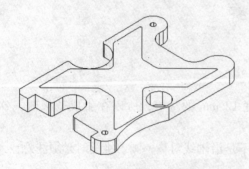

图 8—2—6　"X" 形边界平面图

图 8—2—7　"X" 形凸台挤出效果

（3）挤出凸缘生成 X 形凸台上 4 个厚度为 9 mm 的凸块。

1）在绘图区下方设置屏幕视角为 2D，平面 Z 高度为 21 mm，在实体上方 "X" 凸台上绘制 4 个凸块的二维图，如图 8—2—8 所示。

2）单击 ⬆ 按钮，弹出 "串连选项" 对话框，逆时针选取 4 个凸块的边框，箭头向上，单击 ✔，设置挤出操作为 "挤出凸缘"，挤出距离为 9 mm，单击 ✔，生成实体如图 8—2—9 所示。

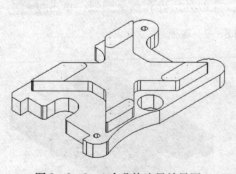

图 8—2—8　4 个凸块边界效果图

图 8—2—9　4 个凸块挤出效果

（4）挤出凸缘生成中间倾斜面

1）单击快捷菜单上 按钮，切换构图面为右视图；在绘图区下方设置平面 Z 高度为 0。

2）根据图样画出图 8—2—10 所示的图形。

3）单击 按钮，弹出"串连选项"对话框，选取三角形边框，单击 ，设置挤出操作为"挤出凸缘"，挤出距离为 3.5 mm，选择"两边同时延伸"多选框，单击 ，生成实体如图 8—2—11 所示。

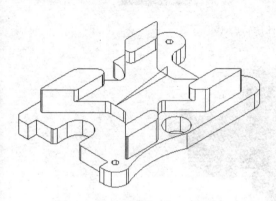

图 8—2—10 倾斜面边界平面图

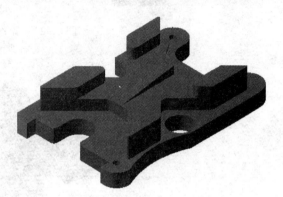

图 8—2—11 倾斜面挤出效果

（5）翻转实体

1）单击快捷菜单上 按钮，切换到前视图，把画好的实体切换到前视图，如图 8—2—12 所示。

图 8—2—12 实体前视图效果

图 8—2—13 设置旋转参数

2）单击快捷菜单上 按钮，选取整个实体为要旋转的实体，单击 确定；在弹出的对话框中，按图 8—2—13 所示设置旋转参数，单击 ，在弹出的对话框中选择 ，生成如图 8—1—14 所示图形，单击 确定。

3）单击快捷菜单上 按钮清除颜色，单击快捷菜单上 ，生成等角视图，如图 8—2—15 所示。

（6）挤出凸缘生成厚度为 6 mm 的"6"字形凸台。

图8—2—14 实体旋转后效果

图8—2—15 实体旋转后等角视图

1）单击快捷菜单上 [图标] 按钮，切换到俯视图构图面，在绘图区下方设置平面 Z 高度为0。

2）绘制"6"字形凸台的平面图，如图8—2—16所示。

3）单击 [图标] 按钮，弹出"串连选项"对话框，选取"6"字形边框，单击 [图标]，设置挤出操作为"挤出凸缘"，挤出距离为6 mm，单击 [图标]，生成实体如图8—2—17所示。

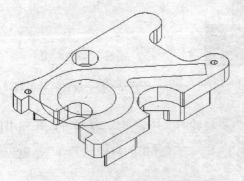

图8—2—16 "6"字形凸台边界平面图

图8—2—17 "6"字形凸台挤出效果

（7）挤出凸缘生成厚度为18 mm 的圆柱形凸台。

1）绘制厚度18 mm 圆柱形凸台的平面图，如图8—2—18所示。

2）单击 ⬆ 按钮，弹出"串连选项"对话框，选取三角形边框，单击 ✔，设置挤出操作为"挤出凸缘"，挤出距离为 18 mm，单击 ✔，生成实体如图 8—2—19 所示。

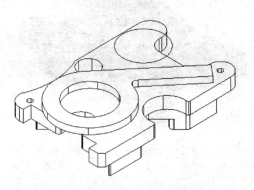

图 8—2—18　圆柱形凸台边界平面图

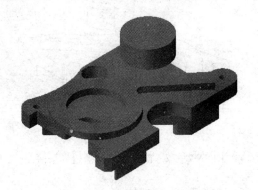

图 8—2—19　圆柱凸台挤出效果

（8）挤出切割生成"6"字形凸台上深度为 4 mm 的槽。

1）在绘图区下方设置屏幕视角为 2D，平面 Z 高度为 6 mm，在实体上方"6"字形凸台上绘制凹槽二维图，如图 8—2—20 所示。

2）单击 ⬆ 按钮，弹出"串连选项"对话框，顺时针选取凹槽边框，箭头向下，单击 ✔，设置挤出操作为"切割实体"，挤出距离为 4 mm，单击 ✔，生成实体如图 8—2—21 所示。

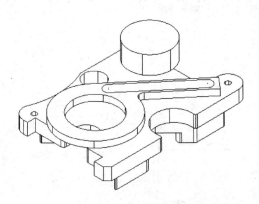

图 8—2—20　深度为 4 的槽的边界平面图

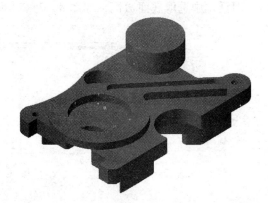

图 8—2—21　深度为 4 的槽的挤出效果

（9）挤出切割生成圆柱凸台上深度为 6 mm 的四方槽。

1）在绘图区下方设置屏幕视角为 2D，平面 Z 高度为 6 mm，在实体上方"6"字形凸台上绘制凹槽二维图，如图 8—2—22 所示。

2）单击 ⬆ 按钮，弹出"串连选项"对话框，顺时针选取凹槽边框，箭头向下，单击 ✔，设置挤出操作为"切割实体"，挤出距离为 4 mm，单击 ✔，生成实体如图 8—2—23 所示。

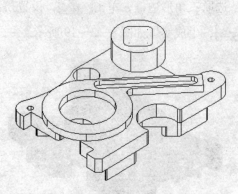

图 8—2—22 圆柱上四方槽边界平面图

图 8—2—23 圆柱上四方槽挤出效果

2. 准备加工条件

（1）选择机床类型。选取控制面板菜单栏"机床类型（M）"，选择"铣床（M）"，选取"默认"。

（2）设置仿真毛坯。左键单击"操作管理器"中"刀具路径管理器"页面中"素材设置"选项，设置毛坯形状为"立方体"，X、Y、Z 的长度分别为 100 mm、150 mm、50 mm。

3. 方面加工

（1）用面铣刀铣平底面。

1）选取菜单栏上"刀具路径（T）"的下拉菜单"平面铣（A）"，在弹出的"串连选项"对话框中选取底面边框，如图 8—2—24 所示，单击 ✔ 确定。

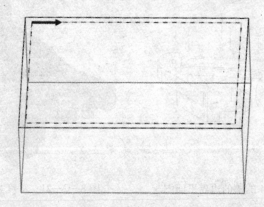

图 8—2—24 选取底面边框

2）单击"刀具"页面，单击"选择刀库"按钮，在弹出的对话框中选取 $\phi50$ mm 面铣刀，默认刀柄，按图 8—2—25 所示设置平面切削参数，设置共同参数中工作表面和深度都为 0，单击 ✔ 确定，生成刀具路径如图 8—2—26 所示。

（2）选用 $\phi16$ mm 的平铣刀曲面粗加工挖槽加工 4 个凸台和斜面。

1）参照造型中"翻转实体"步骤，把图 8—2—23 翻转 180°，效果如图 8—2—27 所示。

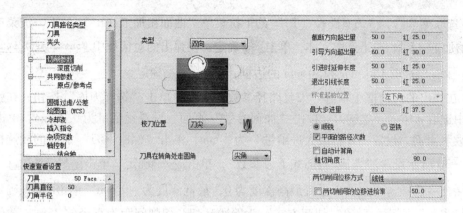

图 8—2—25 设置平面切削参数

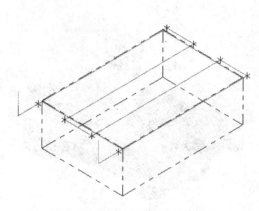

图 8—2—26 平面加工刀具路径

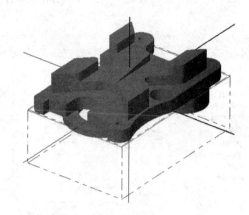

图 8—2—27 实体翻转效果

2）单击快捷菜单上""，单击选取实体，单击 S 确定，在弹出的对话框中按图 8—2—28 所示设置参数，单击 ✔ 确定，把实体平移 –30 mm，效果如图 8—2—29 所示。

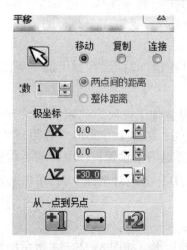

图 8—2—28 设置平移参数

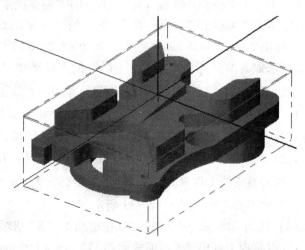

图 8—2—29 实体平移效果

3）选取菜单栏上"刀具路径（T）"的下拉菜单"曲面粗加工（R）"的下一级菜单"粗加工挖槽加工（K），单击选取实体，单击 S 确定，在弹出的对话框中 Containment boundary 下方的 ↳，选取 100 mm×150 mm 的边框，单击 ✔ 确定。

4）在弹出的对话框中单击"刀具路径参数"页面，单击"选择刀库"按钮，在弹出的对话框中选取 ϕ16 mm 立铣刀；单击"曲面参数"页面，设置预留量为 0.3 mm；单击"粗加工参数"页面，设置"Z轴最大进给量"为 2 mm，单击"螺旋下刀"前面的复选框，按图 8—2—30 所示设置"螺旋/斜插式下刀参数"，单击 ✔ 确定，单击 切削深度(D)，在弹出的对话框中选择 ◉绝对坐标，设置最高深度为 0，最低深度为 −9 mm，单击 ✔ 确定；单击"挖槽参数"页面，设置"切削方式"为等距环切，切削间距为直径的 75%，关闭精加工参数，单击 ✔ 确定；生成刀具路径如图 8—2—31 所示。

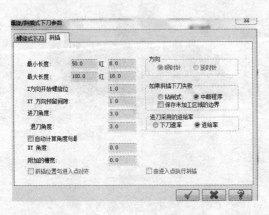

图 8—2—30　设置斜插参数

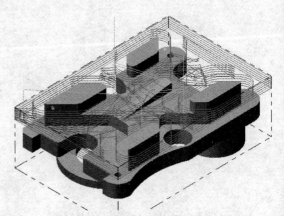

图 8—2—31　曲面挖槽刀具路径

（3）选用 ϕ16 mm 的平铣刀 2D 挖槽加工精修"X"形凸台上表面。

1）单击菜单栏上"屏幕（R）"下方的"隐藏图素（B）"，选取实体，把实体隐藏。

2）单击菜单栏上"屏幕（R）"下方的"恢复隐藏（U）"，选取 4 个凸台的边框，并在中间画出 7 mm×49.5 mm 的矩形，如图 8—2—32 所示。

3）选取菜单栏上"刀具路径（T）"的下拉菜单"2D 挖槽（2）"，在弹出的"串连选项"对话框中选取图 8—2—32 所示图形，单击 ✔ 确定。

4）在刀具列表中选取 ϕ16 mm 立铣刀，切削参数中设置加工方向为"顺铣"，挖槽加工方式为"标准"，壁边预留量为 0.3 mm，底面预留量为 0；粗加工方式选"等距环切"，切削间距（ϕ%）为 75%；进刀方式选择"关"，精加工进退刀不设置；深度切削不设置；设置共同参数中的工作表面（T）为绝对坐标 −9，深度（D）为绝对坐标 −9，单击 ✔ 确定，生成刀具路径如图 8—2—33 所示。

（4）选用 ϕ16 mm 的平铣刀 2D 挖槽加工"X"形凸台。

1）在平面上画出"X"形轮廓和 115 mm×150 mm 的矩形，如图 8—2—34 所示图形，选取菜单栏上"刀具路径（T）"的下拉菜单"2D 挖槽（2）"，在弹出的"串连选项"对话框中选取图8—2—34所示图形，单击 ✔ 确定。

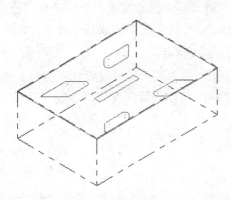
图8—2—32 精修表面加工边界

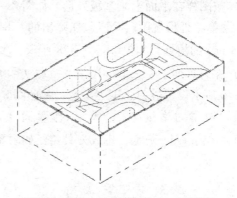
图8—2—33 精修表面加工刀具路径

2）在刀具列表中选取φ16 mm立铣刀，切削参数中设置加工方向为"顺铣"，挖槽加工方式为"标准"，壁边预留量为0.3 mm，底面预留量为0；粗加工方式选"等距环切"，切削间距（φ%）为75%；进刀方式选择"关"，按图8—2—35所示设置"进刀方式"，精加工进退刀不设置；深度切削参数设置如图8—2—36所示；设置共同参数中的工作表面（T）为绝对坐标-9，深度（D）为绝对坐标-18，单击 ✔ 确定，生成刀具路径如图8—2—37所示。

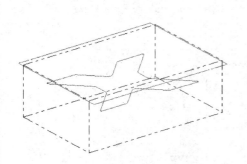
图8—2—34 挖槽加工"X"形凸台边界

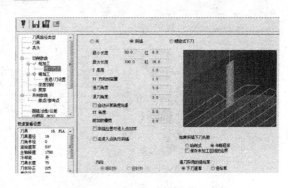
图8—2—35 设置斜插进刀参数

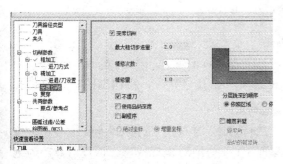
图8—2—36 设置深度切削参数

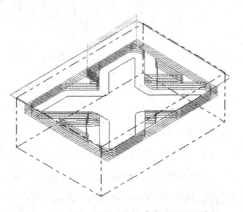
图8—2—37 "X"形凸台加工刀具路径

（5）选用 ϕ16 mm 的平铣刀加工厚度 12 mm 的基板。

1）按图样在平面上画基板外形，如图 8—2—38 所示；选取菜单栏上"刀具路径（T）"的下拉菜单"外形铣削（C）"，在弹出的"串连选项"对话框中选取基板外形（起点在宽度为 48 mm 的槽处），如图 8—2—38 所示，单击 ✓ 确定。

2）在刀具列表中选取 ϕ10 mm 立铣刀，参照图 8—2—39 所示设置切削参数，参照图 8—2—40 所示设置进刀、退刀参数，参照图 8—2—41 所示设置深度切削参数，设置共同参数中提刀速率为增量坐标 30，工作表面（T）为绝对坐标 -15，深度（D）为绝对坐标 -25，单击 ✓ 确定，生成刀具路径如图 8—2—42 所示。

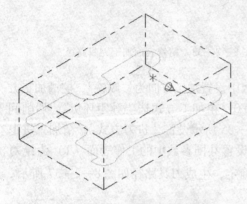

图 8—2—38　基板加工边界

图 8—2—39　设置切削参数

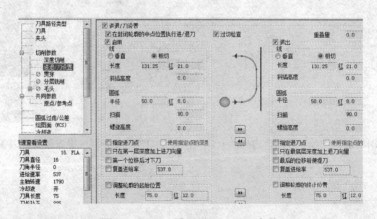

图 8—2—40　设置进刀、退刀参数

（6）钻两个 ϕ5 mm 通孔和一个 ϕ20 mm 通孔。

1）按图样在基板上画出两个 ϕ5 mm 的圆和一个 ϕ20 mm 圆，如图 8—2—43 所示。

2）选取菜单栏上"刀具路径（T）"的下拉菜单"钻孔（D）"，在弹出的"选取钻孔点"对话框中选取已画三个圆的圆心，单击 ✓ 确定。

3）单击弹出的对话框中"刀具"页面上"选择刀库"按钮，选择 ϕ5 mm 中心钻，设置切削参数中暂停时间为 1，共同参数中工作表面（T）为绝对坐标 -18，深度（D）为绝

对坐标 –19，单击 ✔ 确定；生成刀具路径如图 8—2—44 所示。

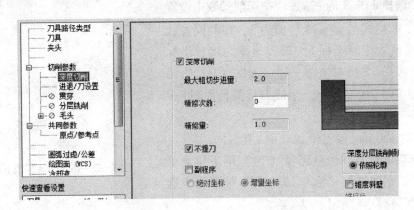

图 8—2—41 设置深度切削参数

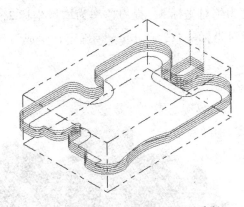

图 8—2—42 基板外形加工刀具路径

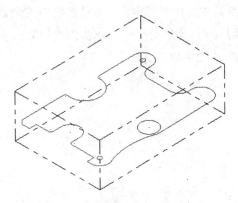

图 8—2—43 点钻加工边界

4）重复以上 2），选取两个 $\phi5$ mm 圆的圆心，单击 ✔ 确定；选择 $\phi5$ mm 钻头；在切削参数中设置循环方式为"断屑式"，"pack"值为 3，在共同参数中设置安全高度为绝对坐标 5，提刀速率为增量坐标 2，工作表面（T）为绝对坐标 –18，深度（D）为绝对坐标 –33；单击 ✔ 确定，生成刀具路径如图 8—2—45 所示。

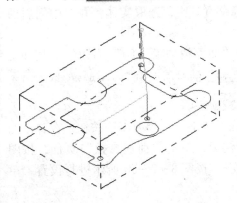

图 8—2—44 点钻钻孔加工刀具路径

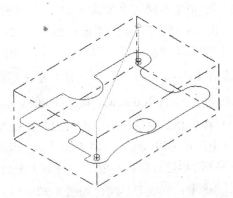

图 8—2—45 钻两个 $\phi5$ 孔的加工刀具路径

5）重复以上 2），选取 ϕ20 mm 圆的圆心，单击
✔确定；选择 ϕ19.8 mm 钻头；在切削参数中设置
循环方式为"断屑式"，"pack"值为 5，在共同参数
中设置安全高度为绝对坐标 5，提刀速率为增量坐标
2，工作表面（T）为绝对坐标 –18，深度（D）为绝
对坐标 –35，单击 ✔确定，生成刀具路径如图 8—
2—46 所示。

（7）选用 ϕ20 mm 铰刀铰 ϕ20 mm 孔。

1）选取菜单栏上"刀具路径（T）"的下拉菜单
"钻孔（D）"，在弹出的"选取钻孔点"对话框中选
取已画三个圆的圆心，单击 ✔确定。

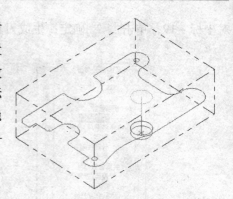

图 8—2—46　钻 ϕ20 孔的加工
刀具路径

2）单击弹出的对话框中"刀具"页面上"选择刀库"按钮，选择 ϕ20 mm 铰刀，设置
切削参数中暂停时间为 1，共同参数中安全高度为绝对坐标 5，提刀速率为增量坐标 2，工
作表面（T）为绝对坐标 –18，深度（D）为绝对坐标 –31，单击 ✔确定，生成刀具路
径如图 8—2—47 所示。

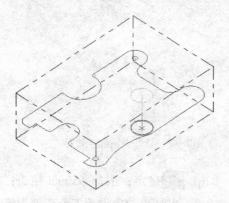

图 8—2—47　铰 ϕ20 孔的加工刀具路径

图 8—2—48　倾斜面加工效果

（8）选用 R5 球刀加工倾斜面。

1）单击菜单栏上"屏幕（R）"下方的"恢复隐藏（U）"，选取实体，并在中间斜面
处画出 8 mm×50.5 mm 的矩形，如图 8—2—48 所示。

2）选取菜单栏上"刀具路径（T）"的下拉菜单"曲面精加工（F）"右边的"精加工
平行铣削（P）"，单击要加工实体，单击 S 确定，在弹出的对话框中 Containment boundary
下方的 ⌖，选取 8 mm×50.5 mm 的矩形，单击 ✔确定。

3）在弹出的对话框中单击"刀具路径参数"页面，单击"选择刀库"按钮，在弹出的
对话框中选取 ϕ10 mm，刀角半径为 5 mm 的球头立铣刀；单击"曲面参数"页面，按图
8—2—49 所示进行设置，单击"精加工平行铣削参数"，按图 8—2—50 所示进行设置，单
击 ✔确定；生成刀具路径如图 8—2—51 所示。

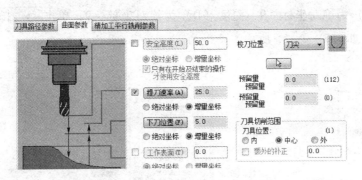

图 8—2—49　设置曲面加工参数

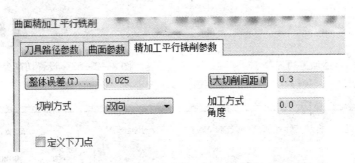

图 8—2—50　设置精加工平行铣削参数

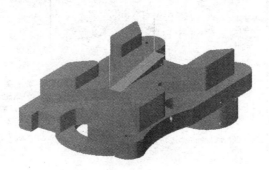

图 8—2—51　倾斜面平行铣加工刀具路径

（9）选用 $\phi 8$ mm 平底刀精修各边界。

1）单击菜单栏上"屏幕（R）"下方的"恢复隐藏（U）"，选取四个凸台的边框 7 mm × 49.5 mm 的矩形。

2）单击菜单栏上"屏幕（R）"下方的"隐藏图素（B）"，选取实体，把实体隐藏，生成如图 8—2—52 所示图形。

3）选取菜单栏上"刀具路径（T）"的下拉菜单"外形铣削（C）"，在弹出的"串连选项"对话框中顺时针选取各加工边界，单击 ✔ 确定。

4）在刀具列表中选取 $\phi 8$ mm 立铣刀，按图 8—2—53 所示设置切削参数（壁边预留量根据测量结果和公差要求设置），按图 8—2—54 所示设置进刀、退刀参数，设置共同参数中的工作表面（T）为绝对坐标 -9，深度（D）为绝对坐标 -9，单击 ☑ 确定，生成精修边界刀具路径，如图 8—2—55 所示。

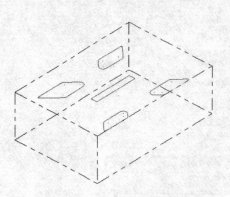

图 8—2—52　凸台精加工边界

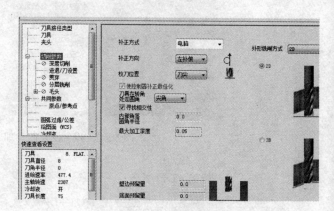

图 8—2—53　设置切削参数

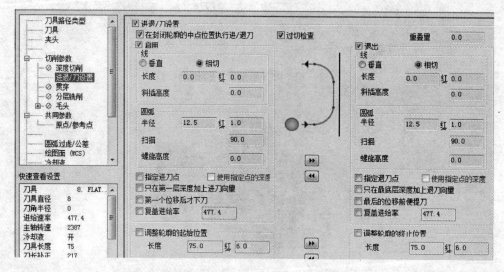

图 8—2—54　设置进刀、退刀参数

5）参照1）和2）调出"X"形边框；复制图 8—2—55 所示刀具路径，修改加工边界为"X"形边框，修改共同参数中的工作表面（T）为绝对坐标 -18，深度（D）为绝对坐标 -18，单击 ☑ 确定，生成"X"形边框精修边界刀具路径，如图 8—2—56 所示。

6）参照5）生成基板的精加工刀具路径，如图 8—2—57 所示。

4. 方面仿真结果

选择所有已编制刀具路径；单击刀具编辑管理器中 ■ 按钮，进入仿真界面，单击界面下方 ▶ 按钮进行仿真加工，仿真结果如图 8—2—58 ~ 图 8—2—70 所示。

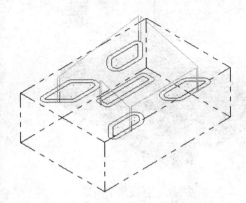

图 8—2—55　凸台精加工刀具路径

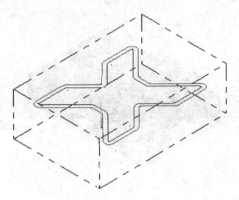

图 8—2—56　"X"形凸台精加工刀具路径

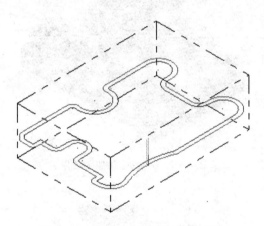

图 8—2—57　基板精加工刀具路径

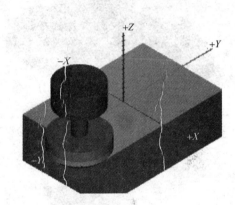

图 8—2—58　平面加工结果

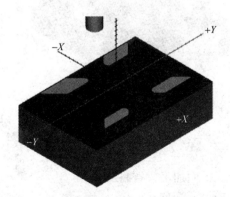

图 8—2—59　4个凸台加工结果

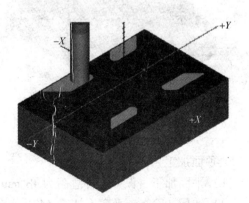

图 8—2—60　精修凸台平面结果

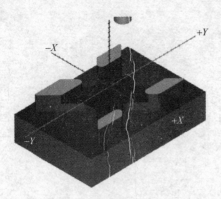

图 8—2—61　"X"形凸台加工结果

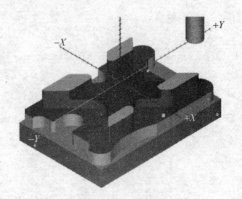

图 8—2—62　基板加工结果

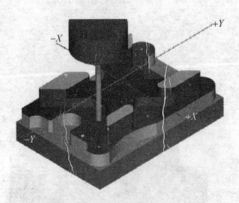

图 8—2—63　中心钻钻孔结果

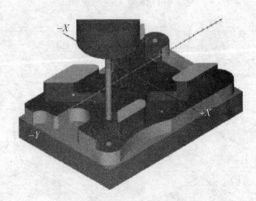

图 8—2—64　φ5 孔加工结果

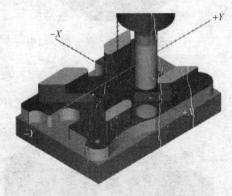

图 8—2—65　φ20 孔钻孔结果

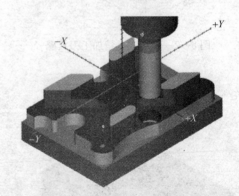

图 8—2—66　φ20 孔铰孔结果

5. 顶面加工

（1）平面加工，保证工件总高为 48 mm，参照底平面加工，省略。

（2）选用 φ12 mm 平底刀加工 φ42 mm 凸台至 12 mm 深度。

1）调出 φ42 mm 凸台和 "6" 字形凸台的实体边界线，如图 8—2—71 所示图形。

2）单击菜单栏上 "绘图（C）" 下 "边界盒（B）"，选择所有边界，按图 8—2—72 所示设置边界盒参数，生成图 8—2—73 所示图形。

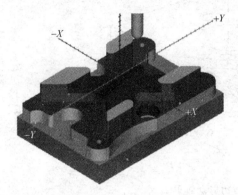

图 8—2—67　倾斜面加工结果

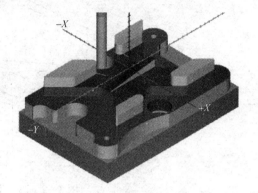

图 8—2—68　精修 4 个凸台结果

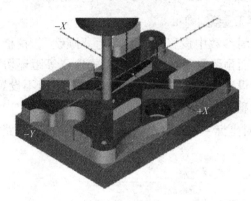

图 8—2—69　精修 "X" 形凸台结果

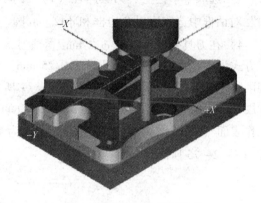

图 8—2—70　精修基板结果

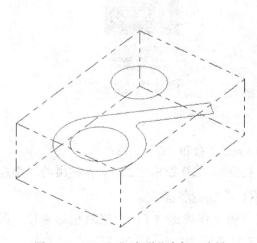

图 8—2—71　"6" 字形凸台加工边界

图 8—2—72　设置边界盒参数

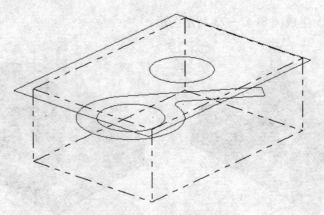

图 8—2—73　生成边界盒效果

3）选取菜单栏上"刀具路径（T）"的下拉菜单"2D 挖槽（2）"，在弹出的"串连选项"对话框中选取边界盒边框和 $\phi42$ mm 圆，单击 ✔ 确定。

4）在刀具列表中选取 $\phi12$ mm 立铣刀，切削参数中设置加工方向为"顺铣"，挖槽加工方式为"标准"，壁边预留量为 0.25 mm，底面预留量为 0；粗加工方式选"等距环切"，切削间距（ϕ%）为 75%；按图 8—2—74 所示设置进刀方式参数，精加工进退刀不设置；深度切削中设置"最大切削步进量"为 2 mm，精修次数为 0，不提刀；设置共同参数中的工作表面（T）为绝对坐标 0，深度（D）为绝对坐标 –12，单击 ✔ 确定，生成刀具路径如图 8—2—75 所示。

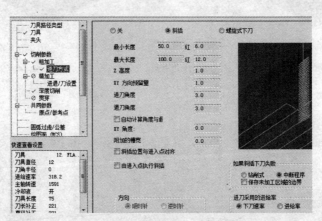

图 8—2—74　设置进刀方式参数

（3）选用 $\phi12$ mm 平底刀 2D 挖槽加工 $\phi42$ mm 凸台和"6"字形凸台。

1）选取菜单栏上"刀具路径（T）"的下拉菜单"2D 挖槽（2）"，在弹出的"串连选项"对话框中选取图 8—2—73 所示的所有图素，单击 ✔ 确定。

2）按上步 4）设置参数，修改共同参数中的工作表面（T）为绝对坐标 –12，深度（D）为绝对坐标 –18，单击 ✔ 确定，生成刀具路径如图 8—2—76 所示。

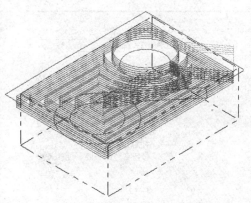

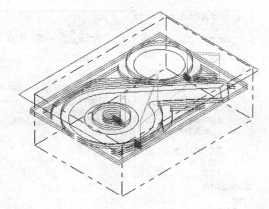

图8—2—75 圆凸台挖槽加工刀具路径　　　图8—2—76 "6"字形凸台和圆凸台挖槽加工刀具路径

（4）选用φ12 mm平底刀挖槽加工22 mm×25 mm槽。

1）调出22 mm×25 mm槽的边界，选取菜单栏上"刀具路径（T）"的下拉菜单"2D挖槽（2）"，在弹出的"串连选项"对话框中选取22 mm×25 mm槽的边界，单击  确定。

2）参照步骤（2）的4）设置参数，修改共同参数中的工作表面（T）为绝对坐标0，深度（D）为绝对坐标－6，单击✔确定，生成刀具路径如图8—2—77所示。

（5）选用φ8 mm立铣刀外形加工80 mm×10 mm键槽。

1）调出80 mm×10 mm键槽边界，选取菜单栏上"刀具路径（T）"的下拉菜单"外形铣削（C）"，在弹出的"串连选项"对话框中按图8—2—78所示选取80 mm×10 mm键槽边界，单击✔确定。

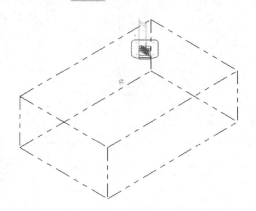

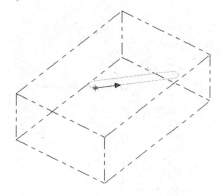

图8—2—77 22×25槽加工刀具路径　　　图8—2—78 80×10键槽加工边界

2）在刀具列表中选取φ8 mm立铣刀，按图8—2—79所示设置切削参数，设置共同参数中的工作表面（T）为绝对坐标－12，深度（D）为绝对坐标－16，单击✔确定，生成刀具路径如图8—2—80所示。

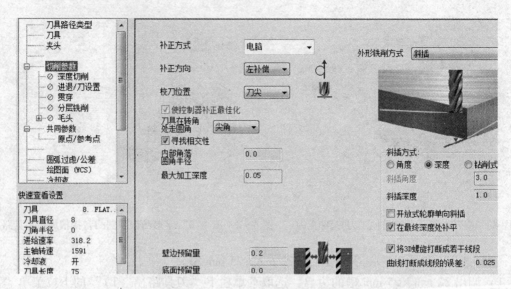

图 8—2—79　设置挖槽切削参数

（6）选用 $\phi 8$ mm 平底刀精修各处边界。

1）选取菜单栏上"刀具路径（T）"的下拉菜单"外形铣削（C）"，在弹出的"串连选项"对话框中按图 8—2—78 选取加工边界，单击 确定。

2）在刀具列表中选取 $\phi 8$ mm 立铣刀，按图 8—2—53 所示设置切削参数（壁边预留量根据测量结果和公差要求设置），按图 8—2—54 所示设置进刀、退刀参数，设置共同参数中的工作表面（T）为绝对坐标 -12，深度（D）为绝对坐标 -16，单击 确定，生成 80 mm×10 mm 键槽精加工边界如图 8—2—81 所示。

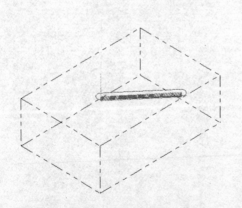

图 8—2—80　80×10 键槽加工刀具路径

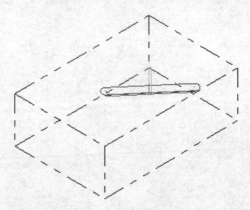

图 8—2—81　80×10 键槽精加工刀具路径

3）调出 22 mm×25 mm 边框；复制图 8—2—81 刀具路径，修改加工边界为逆时针选择的 22 mm×25 mm 边框，修改共同参数中的工作表面（T）为绝对坐标 -6，深度（D）为绝对坐标 -6，单击 确定，生成 22 mm×25 mm 边框精加工刀具路径如图 8—2—82 所示。

4）调出图 8—2—71 所示边框；复制图 8—2—81 所示刀具路径，修改加工边界为逆时针选择的 ϕ44 mm 圆及顺时针选取的 ϕ42 mm 和 "6" 字形外边框，如图 8—2—83 所示，修改共同参数中的工作表面（T）为绝对坐标 −18，深度（D）为绝对坐标 −18，单击 确定，生成三个边界的精加工刀具路径，如图 8—2—84 所示。

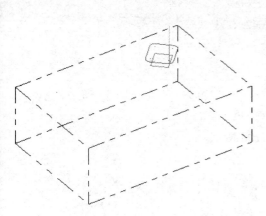

图 8—2—82 22×25 槽精加工刀具路径

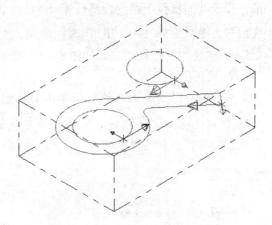

图 8—2—83 两凸台精加工边界

（7）选用倒角刀倒 C2 mm 角。

1）选取菜单栏上 "刀具路径（T）" 的下拉菜单 "外形铣削（C）"，在弹出的 "串连选项" 对话框中顺时针选取 ϕ42 mm 圆，单击 确定。

2）在刀具列表中选取 ϕ10 mm/45° 倒角刀，按图 8—2—85 所示设置切削参数，设置共同参数中工作表面（T）为绝对坐标 0，深度（D）为绝对坐标 0，单击 确定，倒角刀具路径如图 8—2—86 所示。

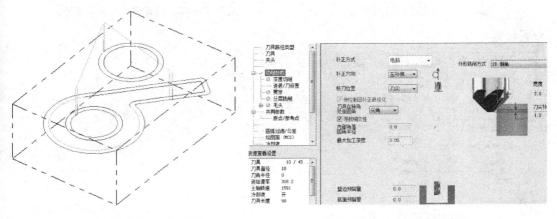

图 8—2—84 两凸台精加工刀具路径

图 8—2—85 设置倒角参数

（8）用螺纹刀加工 M42×1.5 螺纹。

1）选取菜单栏上 "刀具路径（T）" 的下拉菜单 "全圆铣削路径（L）" 右边的 "螺纹铣削（T）"，在弹出的 "选取钻孔点" 对话框中选取 ϕ42 mm 圆的圆心，单击确定。

2）在刀具列表中选取 ϕ10 mm 右螺纹刀，按图 8—2—87 所示设置切削参数，按图 8—2—88 所示设置进刀、退刀设置，按图 8—2—89 所示设置分层铣削，设置共同参数中螺纹顶部位置（T）为 0，螺纹深度位置为绝对坐标 −10，单击 ✔ 确定，生成 M42 × 1.5 mm 螺纹加工刀具路径，如图 8—2—90 所示。

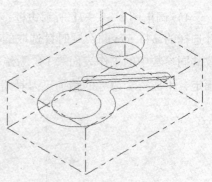

图 8—2—86 圆凸台倒角刀具路径

6. 顶面仿真结果

选择所有已编制刀具路径；单击刀具编辑管理器中 ⬢ 按钮，进入仿真界面，单击界面下方 ▶ 按钮进行仿真加工，仿真结果如图 8—2—91 ~ 图 8—2—100 所示。

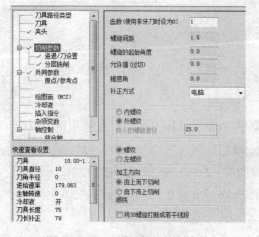

图 8—2—87 设置螺纹切削参数

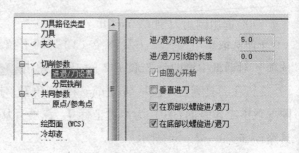

图 8—2—88 设置进刀、退刀参数

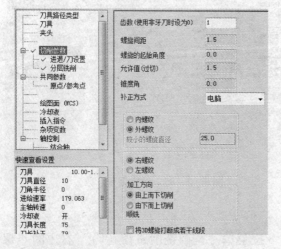

图 8—2—89 设置分层参数

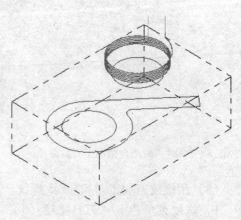

图 8—2—90 生成螺纹加工刀具路径

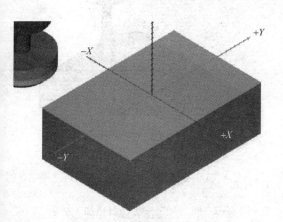

图 8—2—91 顶面加工结果

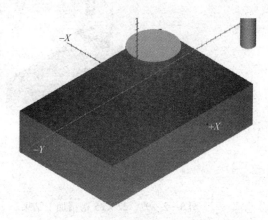

图 8—2—92 ϕ42 凸台加工结果

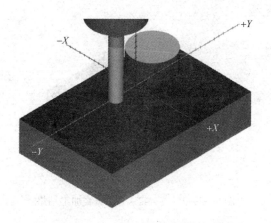

图 8—2—93 "6"字形凸台粗加工结果

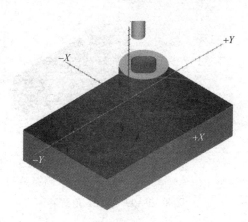

图 8—2—94 22×25 槽粗加工结果

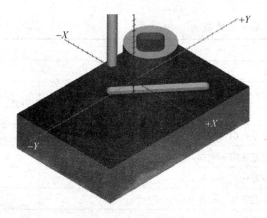

图 8—2—95 80×10 键槽粗加工结果

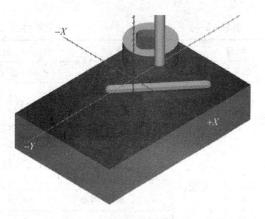

图 8—2—96 80×10 键槽精加工结果

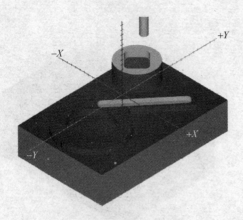

图 8—2—97 22×25 槽精加工结果

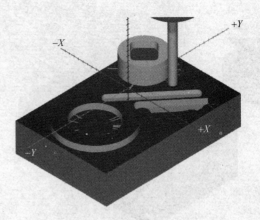

图 8—2—98 "6" 字形凸台精加工结果

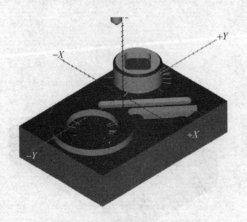

图 8—2—99 倒 C2 角结果

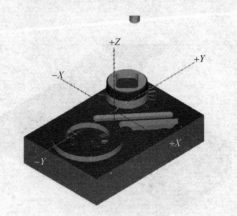

图 8—2—100 M42×1.5 螺纹加工结果

四、项目评价（见表 8—2—1）

表 8—2—1　　　　　　　　　　复杂零件（二）综合评价表

班级			姓名		学号	

实训课题		复杂零件（二）造型与编程加工			日期	

序号	考核内容	考核要求	配分	评分标准	学生自评分	教师评分	得分
1	轮廓	$146^{+0.02}_{-0.01}$ mm	2	超差 0.01 mm 扣 1 分			
2		$96^{+0.02}_{-0.01}$ mm	2	超差 0.01 mm 扣 1 分			
3		$94^{+0.02}_{-0.01}$ mm	2	超差 0.01 mm 扣 1 分			
4		$80^{+0.02}_{-0.01}$ mm，两处	4	超差 0.01 mm 扣 1 分			
5		$68^{+0.02}_{-0.01}$ mm	2	超差 0.01 mm 扣 1 分			
6		$48^{+0.02}_{-0.01}$ mm	2	超差 0.01 mm 扣 1 分			

序号	考核内容	考核要求	配分	评分标准	学生自评分	教师评分	得分
7	轮廓	$24_{-0.01}^{+0.02}$ mm，两处	3	超差 0.01 mm 扣 1 分			
8		$22_{-0.01}^{+0.02}$ mm，3 处	5	超差 0.01 mm 扣 1 分			
9		$18_{-0.01}^{+0.02}$ mm	2	超差 0.01 mm 扣 1 分			
10		$14_{-0.01}^{+0.02}$ mm，两处	4	超差 0.01 mm 扣 1 分			
11		$13_{-0.01}^{+0.02}$ mm	2	超差 0.01 mm 扣 1 分			
12		$11_{-0.01}^{+0.02}$ mm	2	超差 0.01 mm 扣 1 分			
13		$7_{-0.01}^{+0.02}$ mm	2	超差 0.01 mm 扣 1 分			
14		$26_{-0.01}^{+0.02}$ mm	2	超差 0.01 mm 扣 1 分			
15		$22_{-0.01}^{+0.02}$ mm	2	1 处不成形扣 0.5 分			
16		$8_{-0.01}^{+0.02}$ mm	2	1 处不成形扣 0.5 分			
17		(49.5±0.05) mm	0.5	超差 0.01 mm 扣 0.5 分			
18		(30±0.05) mm	0.5	超差 0.01 mm 扣 0.5 分			
19		(13±0.05) mm	0.5	超差 0.01 mm 扣 0.5 分			
20		$C4$ mm	0.5	不成形不得分			
21		$R12$ mm	0.5	1 处不成形扣 0.5 分			
22		$5 \times R11$ mm	2.5	1 处不成形扣 0.5 分			
23		$12 \times R4$ mm	3	1 处不成形扣 0.5 分			
24		$2 \times R3$ mm	1	1 处不成形扣 0.5 分			
25		$2 \times R2$ mm	1	1 处不成形扣 0.5 分			
26		$4 \times R1$ mm	2	1 处不成形扣 0.5 分			
27		$\phi70_{-0.01}^{+0.02}$ mm	2	超差 0.01 mm 扣 1 分			
28		$\phi44_{-0.01}^{+0.02}$ mm	2	超差 0.01 mm 扣 1 分			
29		$10_{-0.01}^{+0.02}$ mm	2	超差 0.01 mm 扣 1 分			
30		$25_{-0.01}^{+0.02}$ mm	2	超差 0.01 mm 扣 1 分			
31		$M42 \times 1.5$	2	不成形不得分			
32		$\phi20H7$	2	超差 0.01 mm 扣 1 分			
33		$2 \times \phi(5±0.05)$ mm	2	超差 0.01 mm 扣 1 分			
34		$R70$ mm	0.5	1 处不成形扣 0.5 分			
35		$R18$ mm	0.5	1 处不成形扣 0.5 分			
36		$4 \times R4.5$ mm	2	1 处不成形扣 0.5 分			
37	深度	$18_{-0.01}^{+0.02}$ mm，两处	4	超差 0.01 mm 扣 1 分			
38		$9_{-0.01}^{+0.02}$ mm	2	超差 0.01 mm 扣 1 分			
39		(16±0.05) mm	0.5	超差 0.01 mm 扣 1 分			
40		$6_{-0.01}^{+0.02}$ mm，两处	4	超差 0.01 mm 扣 1 分			

序号	考核内容	考核要求	配分	评分标准	学生自评分	教师评分	得分
41	深度	$4^{+0.02}_{-0.01}$ mm	2	超差 0.01 mm 扣 1 分			
42		$C2$ mm	2	不成形不得分			
43		倾斜面	2	不成形不得分			
44		$48^{+0.02}_{-0.01}$ mm	2	超差 0.01 mm 扣 1 分			
45	形位	11 mm、11 mm	0.5	超差 0.01 mm 扣 0.5 分			
46		12 mm、71 mm	0.5	超差 0.01 mm 扣 0.5 分			
47		22 mm、117 mm	0.5	超差 0.01 mm 扣 0.5 分			
48		47 mm、37 mm	0.5	超差 0.01 mm 扣 0.5 分			
49		80 mm、130 mm	0.5	超差 0.01 mm 扣 0.5 分			
50		83 mm、135 mm	0.5	超差 0.01 mm 扣 0.5 分			
51		90 mm、73 mm	0.5	超差 0.01 mm 扣 0.5 分			
52	工艺	切削加工工艺制定正确	3	工艺不合理扣 3 分			
53	安全文明生产	按国家颁布的安全文明生产的有关规定评定	5	1. 违反有关规定酌情扣 1 ~ 3 分，危及人身或设备安全则终止考核 2. 场地不整洁，工、夹、刀、量具等放置不合理酌情扣 1 ~ 2 分			
	合计		100	总分			

学生任务实施过程的小结及反馈：

教师点评：

模块九

机床维护与故障诊断

模块目标

1. 能够了解企业对数控铣床和加工中心的日常维护与保养的要求。
2. 能够根据工艺卡片的要求完成数控铣床和加工中心的日常维护与保养。

项目一 机床日常维护

一、项目准备

VM740 立式数控加工中心、导轨润滑油、润滑脂、毛刷、棉纱、螺钉旋具 1 套、万用表等，所需要的设备如图 9—1—1 所示。

图 9—1—1 设备图

二、操作步骤

数控机床根据数控机床日常维护与保养工艺卡片（见表 9—1—1）完成数控机床的日常维护与保养。

表 9—1—1　　　　　　　　　数控机床日常维护与保养工艺卡片

序号	保养部位	操作内容	检查周期
1	导轨润滑油箱	检查油量，及时添加润滑油，润滑泵是否及时打油	每天
2	主轴润滑恒温油箱	工作正常，油量充足，油箱温度合适	每天
3	机床液压系统	油泵无噪声，油温合适，压力正常，无泄漏	每天
4	压缩空气气源压力	气源压力在允许范围之内	每天
5	气源过滤器、气源干燥器	保证空气干燥	每天
6	气压转换器和增压器油面	及时补油	每天
7	X、Y、Z 轴导轨面	清除切屑和脏物，检查导轨面划痕	每天
8	检查液压平衡系统	平衡压力指示正常，压力阀正常工作	每天
9	CNC 输入、输出单元	工作良好	每天
10	各防护装置	导轨、机床防护罩齐全、有效	每天
11	电气柜散热通风	散热风扇是否正常，散热罩是否堵塞	每天
12	各电气柜过滤网	清洗附着的尘土	每周
13	冷却油箱、水箱	检查液面高度，及时加油加水	不定期
14	废油池	废油及时取走，以防外泄	不定期
15	排屑器	经常清洗无卡死现象	不定期
16	主轴传动带	调整传动带松紧度	半年
17	导轨上的镶条	调节松紧状态	半年
18	检查和更换电动机电刷	检查换向器	一年
19	液压油路	清洗溢流阀、减压阀，清洗油路、油管、过滤器	一年
20	主轴润滑恒温油箱	清洗过滤器油箱，更换润滑油	一年
21	润滑油泵、过滤器	清洗润滑油池	一年
22	滚珠丝杠	重新涂抹油脂	一年

三、评分标准（见表 9—1—2）

表 9—1—2　　　　　　　　　　　评分标准

考核内容			数控铣床和加工中心的 日常维护与保养		
考核项目	考核要求		配分	评分标准	检测结果	得分
	1	导轨润滑油箱	3	完成工艺卡片要求得分		
	2	主轴润滑恒温油箱	3	完成工艺卡片要求得分		
	3	机床液压系统	5	完成工艺卡片要求得分		
	4	压缩空气气源压力	4	完成工艺卡片要求得分		
	5	气源过滤器、气源干燥器	4	完成工艺卡片要求得分		
	6	气压转换器和增压器油面	4	完成工艺卡片要求得分		
	7	X、Y、Z 轴导轨面	4	完成工艺卡片要求得分		
	8	检查液压平衡系统	5	完成工艺卡片要求得分		
	9	CNC 输入、输出单元	5	完成工艺卡片要求得分		
	10	各防护装置	4	完成工艺卡片要求得分		
	11	电气柜散热通风	4	完成工艺卡片要求得分		
	12	各电气柜过滤网	4	完成工艺卡片要求得分		
	13	冷却油箱、水箱	4	完成工艺卡片要求得分		
	14	废油池	4	完成工艺卡片要求得分		
	15	排屑器	4	完成工艺卡片要求得分		
	16	主轴传动带	4	完成工艺卡片要求得分		
	17	导轨上的镶条	4	完成工艺卡片要求得分		
	18	检查和更换电动机电刷	4	完成工艺卡片要求得分		
	19	液压油路	5	完成工艺卡片要求得分		
	20	主轴润滑恒温油箱	4	完成工艺卡片要求得分		
	21	润滑油泵、过滤器	4	完成工艺卡片要求得分		
	22	滚珠丝杠	4	完成工艺卡片要求得分		
其他	1	安全操作	3			
	2	文明操作	2			
	3	按时完成	5			
总配分			100	总分		
工时定额	2 h			监考		日期

四、相关知识

数控铣床和加工中心的日常维护与保养不仅是决定数控机床 MTBF（平均无故障工作时间）的关键，也是现在数控机床操作工人必须掌握的一项技能。

项目二　机床故障诊断

一、基础知识

1. 数控机床维修的基本要求

（1）数控机床维修人员的素质要求。数控机床维修工作开展得如何首先取决于维修人员的素质。为了迅速、准确地判断故障原因，并进行及时、有效的处理，恢复机床的动作、功能和精度，要求维修人员应具备以下基本素质：

1）态度要端正。应有高度的责任心和良好的职业道德。

2）较广的知识面。由于数控机床是集机械、电气、液压、气动等于一体的加工设备，组成机床的各部分之间具有密切的联系，其中任何一部分发生故障都有可能影响其他部分的正常工作。而根据故障现象，对故障的真正原因和故障部位尽快进行判断，是机床维修的第一步，这是维修人员必须具备的素质。主要有以下方面：掌握或了解计算机原理、电子技术、电工原理、自动控制与电机拖动、检测技术、机械传动及机加工工艺方面的基础知识；既要懂电又要懂机，电包括强电和弱电；机包括机、液、气。维修人员还必须经过数控技术方面的专门学习和培训，掌握数字控制、伺服驱动及 PLC 的工作原理，懂得 NC 和 PLC 编程。此外，维修人员还应当具备一定的工程识图能力。

3）具有一定的外语基础和专业外语基础。一个高素质的维修人员，需要能对国内、外多种数控机床进行维修。但国外数控系统的配套说明书、资料往往使用原文资料，数控系统的报警文本显示也以外文居多。为了能迅速根据说明书所提供信息与系统的报警提示，确认故障原因，加快维修进程，故要求具备专业外语的阅读能力，以便分析、处理问题。

4）善于学习，勤于学习，善于思考。国外、国内数控系统种类繁多，而且每种数控系统说明书的内容通常也很多，包括操作、编程、连接、安装调试、维护维修、PLC 编程等多种说明书。资料内容多，不勤于学习，不善于学习，很难对各种知识融会贯通。而每台数控机床，其内部各部分之间的联系紧密，故障涉及面很广，而且有些现象不一定反映出了故障产生的原因，作为维修人员，一定要透过故障的表象，通过分析故障产生的过程，针对各种可能产生的原因，仔细思考分析，迅速找出发生故障的根本原因并予以排除。应做到"多动脑，慎动手"，切忌草率下结论，盲目更换元器件。

5）较强的动手能力和试验技能。数控系统的维修离不开实际操作，首先要求能熟练地操作机床，而且维修人员要能进入一般操作者无法进入的特殊操作模式，如各种机床以及有些硬件设备自身参数的设定与调整，利用 PLC 编程器监控等。此外，为了判断故障原因，维修过程可能还需要编制相应的加工程序，对机床进行必要的运行试验与工件的试切削。最后，还应该能熟练地使用维修所必需的工具、仪器和仪表。

6）养成良好的工作习惯。需要胆大心细，动手必须要有明确的目的、完整的思路、细致的操作。要做到以下几点：动手前应仔细思考、观察，找准切入点；动手过程要做好记录，尤其是对于电气元件的安装位置、导线号、机床参数、调整值等都必须做好明显的标记，以便恢复；维修完成后，应做好"收尾"工作，如将机床、系统的罩壳、紧固件安装到位，将电线、电缆整理整齐等。

（2）必要的技术资料。数控维修工人平时应认真整理和阅读有关数控系统的重要技术资料。应具备以下技术资料：

1）数控机床使用说明书。它是由机床厂家编制并随机床提供的资料。通常包括以下与维修有关的内容：机床的操作过程与步骤，机床电气控制原理图，机床主要传动系统以及主要部件的结构原理示意图，机床安装和调整的方法与步骤，机床的液压、气动、润滑系统图，机床使用的特殊功能及其说明等。

2）数控系统方面的资料。应有数控装置安装、使用（包括编程）、操作和维修方面的技术说明书，其中包括数控装置操作面板布置及其操作，数控装置内部各电路板的技术要点及其外部连接图，系统参数的意义及其设定方法，数控装置的自诊断功能和报警清单，数控装置接口的分配及其含义等。

通过上述资料，维修人员应掌握 CNC 原理框图、结构布置、各电路板的作用，板上发光管指示的意义；通过面板对系统进行各种操作，进行自诊断检测，检查和修改参数并能做出备份。能熟练地通过报警信息确定故障范围，对系统供维修的检测点进行测试，充分利用随机的系统诊断功能。

3）PLC 的资料。PLC 是根据机床的具体控制要求设计、编制的机床辅助动作控制软件。PLC 程序中包含了机床动作的执行过程，以及执行动作所需的条件，它表明了指令信号、检测元件与执行元件之间的全部逻辑关系。借助 PLC 程序，维修人员可以迅速找到故障原因，它是数控机床维修过程中使用最多、最重要的资料。

PLC 的资料一般包括如下资料：

PLC 装置及其编程器的连接、编程、操作方面的技术说明书。

PLC 用户程序清单或梯形图。

I/O 地址及意义清单。

报警文本以及 PLC 的外部连接图。

4）机床参数清单。它是由机床生产厂根据机床的实际情况，对数控系统进行设置与调整。机床参数是系统与机床之间的"桥梁"，它不仅直接决定了系统的配置和功能，而且也关系到机床的动、静态性能和精度，因此也是维修机床的重要依据与参考。在维修时，应随时参考系统"机床参数"的设置情况来调整、维修机床。特别是在更换数控系统模块时，一定要记录机床的原始设置参数，以便机床功能的恢复。

5）机床主要配套功能部分的说明书与资料。在数控机床上往往会使用较多功能部件，如数控转台、自动换刀装置、润滑与冷却系统、排屑器等。这些功能部件，其生产厂家一般都提供较完整的使用说明书，机床生产厂家应将其提供给用户，以便功能部件发生故障时进行维修参考。

6）伺服单元的资料。伺服驱动系统、主轴驱动系统的使用说明书是伺服系统及主轴驱动系统的原理与连接说明书，主要包括伺服、主轴的状态显示与报警显示、驱动器的调试、驱动器设置的参数及意义等方面的内容，可供伺服驱动系统、主轴驱动系统维修参考。

伺服单元的资料一般包括以下资料：电气原理框图和接线图，所有报警显示信息以及重要的调整点和测试点，各伺服单元参数的意义和设置。

维修人员应掌握伺服单元的原理，熟悉其连接。能从单元板上故障指示发光管的状态和显示屏上显示的报警号确定故障范围；测试关键点的波形和状态，并做出比较；检查和调整伺服参数，对伺服系统进行优化。

7）维修记录。维修记录是维修人员对机床维修过程的记录与维修的总结。维修人员应对自己所进行的每一步维修情况进行详细的记录，不管当时的判断是否正确，这样不仅有助于今后进一步维修，而且有助于维修人员的经验总结与提高。

8）其他。有关元器件方面的技术资料，如数控设备所用的元器件清单，备件清单以及各种通用的元器件手册。维修人员应熟悉各种常用的元器件，一旦需要，能够较快地查阅有关元器件的功能、参数及使用型号，熟悉一些专用器件生产厂家及订货编号。

（3）必要的维修用器具与备件。合格的维修工具是进行数控机床维修的必备条件。数控机床是精密设备，不同的故障所需要的维修工具也不相同。常用的工具主要有以下几种：

1）常用测量仪器、仪表

①万用表。数控设备的维修涉及弱电和强电，万用表不但要用于测量电压、电流、电阻值，还需要用于判断二极管、三极管、晶闸管、电解电容等元器件的好坏，并测量三极管的放大倍数和电容值。

②示波器。示波器用于检测信号的动态波形，如脉冲编码器、光栅的输出波形，伺服驱动、主轴驱动单元的各级输入、输出波形等；其次还用于检测开关电源、显示器的垂直、水平振荡与扫描电路的波形等。数控机床维修用的示波器通常选用带宽为 10 ~ 100 MHz 的双通道示波器。

③转速表。转速表用于测量与调整主轴的转速，以及调整系统及驱动器的参数，可以使编程的理想主轴转速与实际主轴转速相符，它是主轴维修与调整的测量工具之一。

④相序表。相序表主要用于测量三相电源的相序，它是进给伺服驱动与主轴驱动维修的必要测量工具之一。

⑤常用的长度测量工具。长度测量工具（如千分表、百分表等）用于测量机床移动距离、反向间隙值等。

通过测量，可以大致判断机床的定位精度、重复定位精度、加工精度等。根据测量值可以调整数控系统的电子齿轮比、反向间隙等主要参数，以恢复机床精度。长度工具是机械部件维修测量的主要检测工具之一。

2）芯片级维修的常用仪器、仪表

①PLC 编程器。不少数控系统的 PLC 控制器必须使用专用的编程器才能对其进行编程、调试、监控和检查，如 SIEMENS 的 PG710、PG750、PG865 等。这些编程器可以对 PLC 程序进行编辑和修改，监视输入和输出状态及定时器、移位寄存器的变化值。在运行状态下修改定时器和计数器的设定值。可强制内部输出，对定时器、计数器和移位寄存器进行置位和复位等。有些带图形功能的编辑器还可显示 PLC 梯形图。

②IC 测试仪。IC 测试仪可用来离线快速测试集成电路的好坏，当数控系统进行芯片级维修时，它是必需的仪器。

③逻辑分析仪。逻辑分析仪是专门用于测量和显示多路数字信号的测试仪器，通常分为 8、16 和 64 个通道，即可同时显示 8 个、16 个或 64 个逻辑方波信号。与显示连续波形的通用示波器不同，逻辑分析仪显示各被测点的逻辑电平、二进制编码或存储器的内容。

（4）常用维修用器具

1）电烙铁。最常用的焊接工具，一般应采用 30 W 左右的尖头、带接地保护线的内热式电烙铁，最好使用恒温式电烙铁。

2）吸锡器。常用的是便携式手动吸锡器，也可采用电动吸锡器。

3）扁平集成电路拔放台：防静电 SMD 片状元件、扁平集成电路热风拆焊台、可换多种喷嘴。

4）旋具类。规格齐全的一字和十字螺钉旋具各一套。旋具宜采用树脂或塑料手柄为宜。为了进行伺服驱动器的调整与装卸，还应配备无感螺钉旋具与梅花形六角旋具各一套。

5）钳类工具。常用的是平头钳、尖嘴钳、斜口钳、剥线钳、压线钳、镊子。

6）扳手类。大小活扳手，各种尺寸的内、外六角扳手各一套等。

7）其他。剪刀、刷子、吹尘器、清洗盘、卷尺等。

（5）化学用品。松香、纯酒精、清洁触点用喷剂、润滑油等。

（6）常用的备件。对于数控系统的维修，备品、备件是一个必不可少的物质条件。如果维修人员手头上备有一些电路板的话，将给排除故障带来许多方便，采用电路板交换法通常可以快速判断出一些疑难故障发生在哪块电路板上。

数控系统备件的配备要根据实际情况，通常一些易损的电气元器件，如各种规格的熔断器、熔丝、开关、电刷，还有易出故障的大功率模块和印制电路板等，均是应当配备的。

2. 数控机床故障排除应遵循的原则

在检测故障过程中，应充分利用数控系统的自诊断功能，如系统的开机诊断、运行诊断、PLC 的监控功能。根据需要随时检测有关部分的工作状态和接口信息。同时还应灵活应用数控系统故障检查的一些行之有效的方法，如交换法、隔离法等。在监测排除故障中还应掌握以下若干个原则：

（1）先方案后操作（或先静后动）。维护及维修人员碰到机床故障后，先静下心来，考虑出分析方案再动手。维修人员本身要做到先静后动，不可盲目动手，应先询问机床操作人员故障发生的过程及状态，阅读机床说明书、图样资料后，方可动手查找和处理故障。

如果上来就碰这敲那连此断彼，徒劳的结果也许尚可容忍，但造成现场破坏，导致误判或者引入新的故障，导致更坏的后果则后患无穷。

（2）先安检后通电。确定方案后，对有故障的机床仍要秉着先静后动的原则，先在机床断电的静止状态，通过观察测试、分析，确认为非恶性循环性故障，或非破坏性故障后，方可给机床通电。在运行工况下，进行动态的观察、检验和测试，查找故障。然而对恶性的破坏性故障，必须先排除危险后，方可通电，在运行工况下进行动态诊断。

（3）先软件后硬件。当发生故障的机床通电后，应先检查软件的工作是否仍正常。有些可能是软件的参数丢失或者是操作人员使用方式、操作方法不对而造成的报警或故障。切忌一上来就大拆大卸，造成更坏的后果。

（4）先外部后内部。数控机床是机械、液压、电气一体化的机床，故其故障应从机械、液压、电气这三者综合反映出来。数控机床的检修要求维修人员掌握先外部后内部的原则，即当数控机床发生故障后，维修人员应先采用看、嗅、听、问、触等方法，由外向内逐一进行检查。比如，在数控机床中，外部的行程开关、按钮开关、液压气动元件以及印制电路板插头座、边缘接插件与外部或相互之间的连接部位、电控柜插座或端子排这些机电设备之间的连接部位，因其接触不良造成信号传递失灵，是产生数控机床故障的重要因素。此外，由于工业环境中温度、湿度变化较大，油污或粉尘对元件及线路板的污染，机械的振动等，对于信号传送通道的接插件都将产生严重影响。在检修中重视这些因素，首先检查这些部位就可以迅速排除较多的故障。另外，尽量避免随意启封、拆卸，不适当的大拆大卸，往往会扩大故障，使机床大伤元气，丧失精度，降低性能。

（5）先机械后电气。由于数控机床是一种自动化程度高、技术较复杂的先进机械加工设备。一般来讲，机械故障较易察觉，而数控系统故障的诊断则难度要大些。先机械后电气就是在数控机床的检修中，首先检查机械部分是否正常，行程开关是否灵活，气动、液压部分是否正常等。从实际经验看来，数控机床的故障中有很大一部分是由于机械部分失灵引起的。所以，在故障检修之前，首先逐一排除机械性的故障，往往可以达到事半功倍的效果。

（6）先公用后专用。公用性的问题往往影响全局，而专用性的问题只影响局部，如机床的几个进给轴都不能运动，这时应先检查和排除各轴公用的 CNC、PLC、电源、液压等公用部分的故障，然后再设法排除某轴的局部问题。又如电网或主电源故障是全局性的，因此一般应首先检查电源部分，看看熔丝是否正常，直流电压输出是否正常。总之，只有先解决影响一大片的主要矛盾，局部的、次要的矛盾才有可能迎刃而解。

（7）先简单后复杂。当出现多种故障相互交织掩盖、一时无从下手时，应先解决容易的问题，后解决难度较大的问题。常常在解决简单故障的过程中，难度大的问题也可能变得容易，或者在排除简易故障时受到启发，对复杂故障的认识更为清晰，从而也有了解决办法。

（8）先一般后特殊。在排除某一故障时，要先考虑最常见的可能原因，然后再分析很少发生的特殊原因。例如，当数控铣床 Z 轴回零不准时，常常是由于降速挡块位置走动所造成。一旦出现这一故障，应先检查该挡块位置，在排除这一常见的可能性之后，再检查脉冲编码器、位置控制等环节。

3. 数控机床故障诊断与排除的基本方法

数控机床系统出现报警，发生故障时，维修人员不要急于动手处理，而应多进行观察，应遵循两条原则。一是充分调查故障现场，充分掌握故障信息，这是维修人员取得第一手材料的一个重要手段。一方面要查看故障记录单，向操作者调查、询问出现故障的全过程，彻底了解曾发生过什么现象，采取过什么措施等；另一方面要对现场亲自做细致的勘查，从系统的外观到系统内部的各个印制电路板都应细心察看是否有异常之处。在确认数控系统通电无危险的情况下方可通电，观察系统有何异常，CRT 显示哪些内容。二是认真分析故障的起因，确定检查的方法与步骤。

目前所使用的各种数控系统，虽有各种报警指示灯或自诊断程序，但智能化的程度还不是很高，不可能自动诊断出发生故障的确切部位，往往是同一报警号可以有多种起因，因此，在分析故障的起因时，一定要开阔思路。

对于数控机床发生的大多数故障，总体上来说可采用下述几种方法来进行故障诊断和排除：

（1）直观法（常规检查法）。外观检查是指依靠人的五官等感觉并借助于一些简单的仪器来寻找机床故障的原因。

这种方法在维修中是常用的，也是首先采用的。"先外后内"的维修原则要求维修人员在遇到故障时应先采取问、看、听、触、嗅等方法，由外向内逐一进行检查。

1）问。机床开机时的异常；比较故障前后工件的精度和表面粗糙度，以便分析故障产生的原因；传动系统、走刀系统是否正常，出力是否均匀，切深和走刀量是否减少；润滑油牌号、用量是否符合规定，机床何时进行过保养检修等。

2）看。就是用肉眼仔细检查有无熔丝烧断、元器件烧焦、烟熏、开裂现象，有无断路现象，以此判断板内有无过流、过压、短路问题。看转速，观察主传动速度快慢的变化。主传动齿轮、飞轮是否跳、摆，传动轴是否弯曲、晃动。

3）听。利用人体的听觉功能可查询到数控机床因故障而产生的各种异常声响的声源，如电气部分常见的异常声响有电源变压器、阻抗变换器与电抗器等因为铁芯松动、锈蚀等原因引起的铁片振动的"吱吱"声；继电器、接触器等的磁回路间隙过大，短路环断裂、动静铁芯或镶铁轴线偏差，线圈欠压运行等原因引起的电磁"嗡嗡"声或者触点接触不良的"嗡嗡"声以及元器件因为过流或过压运行失常引起的击穿爆裂声。而伺服电动机、气控器件或液控器件等发生的异常声响基本上和机械故障方面的异常声响相同，主要表现在机械的摩擦声、振动声与撞击声等。

4）触。也称敲捏法。CNC系统是由多块线路板组成的，板上有许多焊点，板与板之间或模块与模块之间又通过插件或电缆相连。所以，任何一处的虚焊或接触不良，就会成为产生故障的主要原因。检查时，用绝缘物（一般为带橡皮头的小锤）轻轻敲打可疑部位（即虚焊、接触不良的插件板、组件、元器件等）。如果确实是因虚焊或接触不良而引起的故障，则该故障会重复出现，有些故障则在敲击后消失，故障消失也可以认为敲击处或敲击作用力波及的范围是故障部位。同样，用手捏压组件、元器件时，如故障消失或故障出现，可以认为捏压处或捏压作用力波及范围是故障部位。

这种"触"的方法用于虚焊、虚接、碰线、多余物短路、多余物卡触点等原因引起的时好时坏的故障现象。在敲捏组件的过程中，要实时地观察机床工作状况。在敲捏组件、元器件时，应一个人专门负责敲捏，另外的人负责判断是否出现故障消失或故障复现。如果一个人一边敲捏组件，一边判断故障现象，一心二用，可能会敲偏、漏检。同时，敲捏的力度要适当，并且应由弱到强，防止引入新的故障。

5）嗅。在电气设备诊断中常采用"嗅"的方法，如一些烧坏的烟气、焦煳味等异味。因剧烈摩擦，电器元件绝缘处破损短路，使附着的油脂或其他可燃物质发生氧化蒸发或燃烧而产生的烟气、焦煳味的气体等。

利用外观检查，有针对性地检查可疑部分的元器件，判断明显的故障，如热继电器脱扣、熔断丝、线路板（损坏、断裂、过热等）、连接线路、更改的线路是否与原线路相符，并注意获取故障发生时的振动、声音、焦煳味、异常发热、冷却风扇运行是否正常等。这种检查很简单，但非常必要。

现场维修中，利用人的嗅觉功能和触觉功能可察觉因过流、过载或超温引起的故障并可通过改变参数设置或 PLC 程序来解决。

（2）系统自诊断法。充分利用数控系统的自诊断功能，根据 CRT 上显示的报警信息及各模块上的发光二极管等器件的指示，可判断出故障的大致起因。进一步利用系统的自诊断功能，还能显示系统与各部分之间的接口信号状态，找出故障的大致部位，它是故障诊断过程中最常用和有效的方法之一。

（3）拔出插入法。拔出插入法是通过监视相关的接头、插卡或插拔件拔出再插入这个过程，确定拔出插入的连接件是否为故障部位。还有的本身就只是接插件接触不良而引起的故障，经过重新插入后，问题就解决了。

（4）参数检查法。数控系统的机床参数是经过理论计算并通过一系列试验、调整而获得的重要数据，是保证机床正常运行的前提条件，它们直接影响着数控机床的性能。

（5）功能测试法。所谓功能测试法是通过功能测试程序检查机床的实际动作从而判别故障的一种方法。功能测试可以将系统的功能（如直线定位、圆弧插补、螺纹切削、固定循环、用户宏程序等 G、M、S、T、F 功能）用手工编程方法，编制一个功能测试程序，并通过运行测试程序来检查机床执行这些功能的准确性和可靠性，进而判断出故障发生的原因。

（6）交换法（或称部件替换法）。现代数控系统大都采用模块化设计，按功能不同划分为不同的模块。随着现代数控技术的发展，电路的集成规模越来越大，技术也越来越复杂，按照常规的方法，很难把故障定位在一个很小的区域中。部件替换法是维修过程中最常用的故障判别方法之一。

所谓部件替换法，就是在故障范围大致确认，并在确认外部条件完全正确的情况下，利用装置上同样的印制电路板、模块、集成电路芯片或元器件替换有疑点部分的方法。部件替换法简单、易行、可靠，能把故障范围缩小到相应的部件上。

有些电路板，例如，PLC 的 I/O 板上有地址开关，交换时要相应改变设置值；有的电路板上有跳线及桥接调整电阻、电容，也应与原板相同，方可交换；模块的输入、输出必须相同。以驱动器为例，型号要相同；若不同，则要考虑接口、功能的影响，避免故障扩大。此外，备件（或交换板）应完好。

应用场合：数控机床的进给模块，检测装置有多套，当出现进给故障，可以考虑模块互换。

"替换"是电气修理中常用的一种方法，主要优点是简单和方便。在查找故障的过程中，如果对某部分有怀疑，只要有相同的替换件，换上后故障范围大都能分辨出来，所以在电气维修中经常被采用。

"替换"中的注意事项：低压电气的替换应注意电压、电流和其他有关的技术参数，并尽量采用相同规格的替换；电子元件的替换，如果没有相同的，应采用技术参数相近的，而且主要参数最好能胜任的；拆卸时应对各部分做好记录，特别是接线较多的地方，应防止接线错误引起的人为故障；在有反馈环节的线路中，更换时要注意信号的极性，以防反馈错误引起其他的故障；在需要从其他设备上拆卸相同的备件替换时，要注意方法，不要在拆卸中造成被拆件损坏，如果替换电路板，在新电路板换上前要检查一下使用的电压是否正常。

"替换"前应做的工作：在确认对某一部分要进行替换前，应认真检查与其连接有关的线路和其他相关的电器，确认无故障后才能将新的部件替换上去，防止外部故障引起替换上去的部件损坏。

此外，在交换 CNC 装置的存储器或 CPU 板时，通常还要对系统进行某些特定的操作，如存储器的初始化操作等，并重新设定各种参数，否则系统不能正常工作。这些操作步骤应严格按照系统的操作说明书、维修说明书进行。

（7）隔离法。当某些故障，如轴抖动、爬行，一时难以区分是数控部分，还是伺服系统或机械部分造成的，常可采用隔离法，即将机电分离，数控与伺服分离，或将位置闭环分开做开环处理。这样，复杂的问题就化为简单问题，能较快地找出故障原因。

（8）升降温法。当设备运行时间比较长或者环境温度比较高时，机床容易出现故障。这时可人为地（如可用电热风或红外灯直接照射）将可疑的元器件温度升高（应注意元器件的温度参数）或降低，加速一些温度特性较差的元器件产生"病症"或是使"病症"消除来寻找故障原因。

（9）电源拉偏法。电源拉偏法就是拉偏（升高或降低但不能反极性）正常电源电压，制造异常状态，暴露故障或薄弱环节，提供故障或处于好坏临界状态的组件、元器件位置。

电源拉偏法常用于工作较长时间才出现故障或怀疑电网波动引起故障等场合。拉偏（升高或降低）正常电源电压，可能具有破坏性，要先分析整个系统是否有降额设计或保险系数。要控制拉偏范围（例如，正常工作电压的85% ~ 120%），三思而后行。

（10）测量比较法（对比法）。在制造数控系统的印制电路板时，为了调整、维修的便利，通常都设置有检测用的测量端子。维修人员利用这些检测端子，可以测量、比较正常的印制电路板和有故障的印制电路板之间的电压或波形的差异，进而分析、判断故障原因及故障所在位置。有时，还可以将正常部分试验性地造成"故障"或报警（如断开连线、拔去组件），看其是否和相同部分产生的故障现象相似，以判断故障原因。

通过测量比较法，有时还可以纠正在印制电路板上的调整、设定不当而造成的"故障"。

测量比较法使用的前提如下：维修人员应了解或实际测量正确的印制电路板关键部位、易出故障部位的正常电压值、正确的波形，才能进行比较分析，而且这些数据应随时做好记录并作为资料积累。

（11）原理分析法（逻辑线路追踪法）。原理分析法是排除故障的最基本方法，当其他检查方法难以奏效时，可从电路基本原理出发，一步一步地进行检查，最终查出故障原因。

所谓原理分析法是通过追踪与故障相关联的信号，从中找到故障单元，根据 CNC 系统原理图（即组成原理），从前往后或从后往前地检查有关信号的有无、性质、大小及不同运行方式的状态，再与正常情况比较，看有什么差异或是否符合逻辑关系。

对于"串联"线路，发生故障时，所有的元件或连接线都值得怀疑。对比较长的串联回路，可从中间开始向两个方向追踪，直到找到故障单元为止。对于两个相同的线路，可以对它们进行部分的交换试验。这种方法类似于把一个电动机从其电源上拆下，接到另一个电源上试验电动机。类似地，可以在这个电源上另接一个电动机试验电源，这样可以判断出电动机有问题还是电源有问题。但是对数控机床来说，问题就没有这么简单，交换一个单元，一定要保证该单元所处大环节（即位置控制环）的完整性；否则可能闭环受到破坏，保护环节失效，积分调节器输入得不到平衡。

对于硬接线系统（继电器—接触器系统），它具有可见接线、接线端子、测试点。当出现故障时，可用试电笔、万用表、示波器等简单测试工具测量电压、电流信号的大小、性质、变化状态，电路的短路、断路、电阻值变化等，从而判断出故障的原因。

这些检查方法各有特点，维修人员可以根据不同的故障现象加以灵活应用，以便对故障进行分析，逐步缩小故障范围，排除故障。

二、操作实训

【操作实训 1】

1. 故障现象

CRT 上显示"进给保持"。

2. 故障原因

可能是软件故障，也可能是硬件故障。

3. 故障处理

首先应该进行故障类型判别。先检查"进给保持"键能否释放。如果可以释放，按"JOG"键，手动将轴移开现位置，将轴返回，当保证无危险后，才可重新启动轴。如果"进给保持"键不可释放，可利用调用参数设置画面了解相关参数设置是否有误。调用自诊断实时状态画面，应该先检查有关信号实时状态是否正常。采用接口信号分析法进行故障的定位。如果实时状态参数不正常，检查相关开关或器件是否良好。如果器件良好，则应该检查信号反馈回路以及接口电路。

4. 有关"伺服单元未准备好"报警信息

伺服不能就绪报警，故障产生的原因：伺服驱动装置故障；连接电缆故障；伺服装置的继电器 MCC 控制回路或线圈本身故障；内部控制回路或检测电路故障；系统轴控制卡（轴板）故障或系统伺服模块故障，此时需要更换系统轴板 D 或对该板进行检修。

故障的诊断方法：采用信号短接的方法来判别故障的部位，把伺服模块 JV1B（JV2B）的 8～10 短接后给系统上电，如果伺服放大器为"0"，则故障在轴板或系统主板；如果伺服放大器为"－"，则故障在伺服放大器本身。

【操作实训 2】

1. 故障现象

无电动机反馈，即上电时没有检测到来自编码器的信号。

2. 故障原因

造成上电时没有检测到来自编码器信号的原因如下：控制器反馈接口跳码连接设置有问题、编码器本身损坏、编码器反馈电缆及其连接不好等。

3. 故障处理

1）检查控制器反馈接口跳码连接设置。若正常，测试分解器输入端口（即编码器输出是否正常），测试相应跳码处电压是否为 1.7 V 左右。

2）检查编码器是否有故障，如果没有问题，检查电源是否有故障，即位置反馈监控电路是否有故障。

3）检查编码器反馈电缆及其连接是否完好，检查编码器是否松动。

【操作实训 3】

1. 故障现象

工作台定位后仍移动，但数控系统不报警。

2. 故障原因

检查进给轴定位时数控系统显示是否正常。如果数控系统显示正常，则检查 CNC 进给驱动部分是否正常；如果 CNC 进给驱动部分正常，则重点检查位置反馈装置。该铣床采用"海登汉"光栅尺，该光栅尺易受到污染，检查发现该光栅尺周围油污较多，分析可能是油污污染严重，引起位置测量反馈环节有微量误差，但不足以使系统报警。

3. 故障处理

按照光栅尺维护保养的要求，对其进行认真细致的清洗，该故障消除。

大多数情况下，若进给轴运动时的实际位置超过铣床参数所设定的允差值，则产生轮廓误差监视报警；若铣床坐标轴定位时的实际位置与给定位置之差超过铣床参数设定的允差值，则产生静态误差监视报警；若位置测量硬件有故障，则产生测量装置监视报警。

4. 过热类报警的分析与处理

这类报警是 PLC 报警，报警的原因与伺服供电系统保护装置开关的通断动作输出有关，也与这些电器的输入及本身性能故障有关。而且数字式伺服系统相关 I/O 接口或连线故障导致 CNC 没有接收到保护装置的信号，也会出现此类报警。因此，虽说是软件报警，但涉及内容是硬件故障，不能简单地复位以消除报警，必须查明原因。这类报警主要分熔丝熔断、过流报警、过热报警和过载报警等。

（1）熔丝熔断。一般可由伺服放大器或伺服板上电源指示灯熄灭或不亮来显示失电。熔丝熔断，表明其负载有过大电流发生。不能简单地换熔丝，必须检查原因。主要有以下几个方面的原因：

1）熔丝本身质量、型号或容量的选择不合理，安装与接触不良。

2）过大电流输入

①失匹控制。速度指令值过大或加/减速频率太高；速度环增益设定过高（参数设置与可调电位器的漂移）造成过大电流输出或导致高频自激振动；检测元件故障或控制板电源电压过高、过低或不稳定导致的电磁振荡。

②电网干扰。外电网不稳、操作方法不当（频繁启停动作时，瞬间产生大幅感应电流）、低通滤波器或浪涌吸收器失效。

③负载电器短路。接线错误、变压器相间短路、电动机相间短路（加/减速频率太高或扼流圈电流延时过长产生瞬间大电流所致）、驱动单元中大功率管击穿性短路。

④过载（负载效应）。

加工方式不妥：连续的重切削；机械负荷太大：制动不能释放、传动故障或卡死等；电阻抗太大：接线不良、速度环内电器阻抗值的漂移等所致。

（2）过电流报警。过电流报警几率高于短路报警。过电流报警，一般在伺服单元面板或伺服板上点亮过电流报警灯，全数字式伺服系统则可在 CRT 上显示。报警时，伺服轴不动作（突然终止、停止或不能启动状态）。造成过电流报警主要有以下几个方面的原因：

1）设置的整定电流过小、过电流脱扣器或过电流继电器误动作（一启动就报警）。

2）过大电流输入。

【操作实训 5】

1. 故障现象

数控铣床，开机时系统显示亮，但伺服驱动电源无法正常接通。

2. 故障原因

由于 CNC 电源已正常接通，而伺服主回路未接通，进一步检查发现该机床 NCMX（系统电源单元的内部各电源工作正常时的输出信号）输出信号不正常，输出中间继电器脱落。

3. 故障处理

重新安装中间继电器后故障排除。

项目三　机床精度检测

一、数控铣床精度的组成

数控机床的机械故障，很多是与机床的精度相关联的，在进行机床机械故障的诊断与维护时，特别是在加工出现质量问题时，很大程度上就属于机床的精度故障。机床的精度一般来讲包括机床的静态几何精度、动态的位置精度及加工时的工作精度。本项目主要介绍数控机床的几何精度及其工作精度的评价及测试方法。

考核一台数控机床等级的精度组成一般来讲分为以下三类：

1. 几何精度

几何精度是指影响机床加工精度的组成零部件的精度，包括本身的尺寸、形状精度及部件装配后的位置及相互间的运动精度，如平面度、平行度、直线度、垂直度等。

2. 位置精度

简单地讲，位置精度是指机床刀具趋近目标位置的能力。它是通过对测量值进行数据统计分析处理后得出来的结果。一般由定位精度、重复定位精度及反向间隙三部分组成。

3. 工作精度

通过用机床加工规定的试件，对加工后的试件进行精度测量，评价是否符合规定的设计要求。

二、数控铣床的基本结构及几何精度的测试

1. 数控铣床的用途

铣削加工时，刀具装夹在机床主轴上做高速旋转，构成机床的主运动；工件固定在工作台上，随工作台移动，构成机床的进给运动。数控铣床可实现钻削、铣削、镗孔、扩孔、铰孔等多种工序的自动工作循环；既可以进行坐标镗孔，又可以精确、高效地完成平面内具有

各种复杂曲线的凸轮、样板、压模、弧形槽等零件的自动加工，在机加工领域具有广泛的用途。

2. 数控铣床的基本机械结构

以数控铣钻床 ZJK7532A 为例，其传动系统如图 9—3—1 所示。机床机械部分主要由底座、立柱、工作台、主轴箱、冷却及润滑部分等组成。机床的立柱部分、工作台部分安装在底座上，主轴箱通过连接座在立柱上移动，其他各部件自成一体，与底座组成整机。

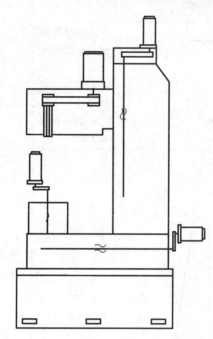

图 9—3—1　数控铣钻床 ZJK7532A 传动系统

3. 数控铣床的基本精度要求

数控铣钻床 ZJK7532A 的三个基本直线运动轴构成了空间直角坐标系的三个坐标轴，因此，三个坐标轴应该互相垂直。铣床几何精度均围绕着"垂直"和"平行"展开，其精度要求详见表 9—3—1。

表 9—3—1　　　　　　　　　　数控铣钻床精度（ZJK7532A）

序号	简图		检验项目	允差范围	检验工具	实测
			机床调平	0.04/1 000	精密水平仪	

续表

序号	简图	检验项目	允差范围	检验工具	实测
G1		工作台面的平面度	0.08 mm 在任意 200 mm 测量长度上为 0.025 mm	指示器平尺可调量块等高块精密水平仪	
G2		主轴锥孔轴线的径向圆跳动 a. 靠近主轴端部 b. 距主轴端部 L 处	$L = 300$ mm a. 0.015 mm b. 0.020 mm	检验棒指示器	
G6		主轴轴线对工作台面的垂直度 a. 在 $Y - Z$ 平面内 b. 在 $X - Z$ 平面内	a. 0.05/300 $\alpha \leqslant 90°$ b. 0.05/300	等高块平尺角尺指示器	
G7		工作台 X、Y 坐标方向移动对工作台面的平行度	在全部行程上为 X: 0.056 mm Y: 0.060 mm 在任意 300 mm 测量长度为 0.03 mm	等高块平尺指示器	

续表

序号	简图	检验项目	允差范围	检验工具	实测
G9		工作台沿 X 坐标方向移动对工作台面基准 T 形槽的平行度	0.05 mm	指示器表架	
G10		工作台 X 坐标方向移动对 Y 坐标方向移动的工作垂直度	0.04/300	角尺指示器	
G11		X 坐标在线运动的定位精度 A_u，重复定位精度 R 反向差值 B_{max}	0.06 mm 0.03 mm 0.025 mm	激光干涉仪专用检具	

续表

序号	简图	检验项目	允差范围	检验工具	实测
G12		Y 坐标直线运动的定位精度 Au，重复定位精度 R 反向差值 B_{max}	0.06 mm 0.03 mm 0.025 mm	激光干涉仪 专用检具	
G13		Z 坐标直线运动的定位精度 Au，重复定位精度 R 反向差值 B_{max}	0.06 mm 0.03 mm 0.025 mm	激光干涉仪 专用检具	
P1	 $L=$（1/3～1/2）纵向行程 $\cdot B \geqslant L/3$，$H \geqslant L/3$， $b \geqslant 16$ mm	铣销精度： a.M 面平面度 b.M 面对 E 面平面度 c.N 面对 M 面、P 面对 M 面、N 面对 P 面的垂直度 材料：HT150	a. 0.025 mm b. 0.030 mm c. 0.030/50	指示器角尺量块平板	

理论训练题

第一部分 判 断 题

（下列判断正确的在题后括号内打"√"，错误的在题后括号内打"×"）

一、机械制图部分

1. 外螺纹的规定画法：大径用细实线表示，小径用粗实线表示，终止线用虚线表示。
（　　）

2. 表面粗糙度符号表示表面是用去除材料的方法获得，表面粗糙度符号也可表示表面是用不去除材料的方法获得。
（　　）

3. 标注球面时应在符号前加"ϕ"。
（　　）

4. 当零件所有表面具有相同的表面粗糙度要求时，可在图样左上角统一标注代号；当零件表面的大部分粗糙度相同时，可将相同的粗糙度代号标注在图样右上角，并在前面加注"全部"两字。
（　　）

5. 零件图中的主要尺寸是指影响产品的机械性能、工作精度等尺寸、配合。
（　　）

6. 齿轮轮齿部分的规定画法如下：齿顶圆用粗实线绘制，分度圆用双点画线绘制，齿根圆用粗实线绘制，也可省略不画。在剖视图中，齿根圆用细实线绘制。
（　　）

7. 识读装配图的要求是了解装配图的名称、用途、性能、结构和工作原理。
（　　）

8. 一个完整尺寸包含的四要素为尺寸线、尺寸数字、尺寸公差和箭头。
（　　）

9. 主视图所在的投影面称为正投影面，简称正面，用字母 V 表示。俯视图所在的投影面称为水平投影面，简称水平面，用字母 H 表示。左视图所在的投影面称为侧投影面，简称侧面，用字母 W 表示。
（　　）

10. 零件有长、宽、高三个方向的尺寸，主视图上只能反映零件的长和高，俯视图上只能反映零件的长和宽，左视图上只能反映零件的高和宽。
（　　）

11. 零件有上下左右前后六个方位，在主视图上只能反映零件的上下左右方位，俯视图上只能反映零件的左右前后方位，左视图上只能反映零件的上下前后方位。
（　　）

12. 剖视图的标注包括三部分内容：1）用大写字母标出剖视图的名称"×—×"；2）在相应的视图上用剖切符号（粗短画线）表示剖切平面的位置；3）用箭头表示投射方向并注上同样的字母。
（　　）

13. 省略一切标注的剖视图，说明它的剖切平面不通过机件的对称平面。
（　　）

14. 在机械制图中，六个基本视图分别是主视图、俯视图、左视图、右视图、仰视图、后视图。
（　　）

15. 国家标准规定采用正六面体的三个面作为基本投影面。
（　　）

16. 在画半剖视图时，人们习惯上将左右对称图形的左半边画成剖视图。　　　　（　　）

17. 除基本视图外，还有全剖视图、半剖视图和旋转视图三种视图。　　　　（　　）

18. 在图纸上必须用粗实线画出图框，标题栏一般应位于图纸的右下方位。　　（　　）

二、公差部分

1. 公差的数值等于上极限尺寸与下极限尺寸代数差的绝对值。　　　　　　（　　）

2. 在同一公差等级中，由于基本尺寸段不同，其公差值大小相同，它们的精确程度和加工难易程度相同。　　　　　　　　　　　　　　　　　　　　　　（　　）

3. 有一工件标注为 10cd7，其中 cd7 表示孔公差带代号。　　　　　　（　　）

4. 公差可以说是允许零件尺寸的最大偏差。　　　　　　　　　　　　（　　）

5. 基本尺寸不同的零件，只要它们的公差值相同，就可以说明它们的精确度要求相同。　　　　　　　　　　　　　　　　　　　　　　　　　　　　　（　　）

6. 孔的基本偏差即下极限偏差，轴的基本偏差即上极限偏差。　　　　　（　　）

7. 滚动轴承内圈与轴的配合采用间隙配合。　　　　　　　　　　　　（　　）

8. 轴承内圈与轴的配合采用基孔制。　　　　　　　　　　　　　　　（　　）

9. 配合公差的大小等于相配合的孔、轴公差之和。　　　　　　　　　（　　）

10. 某一孔或轴的直径正好加工到基本尺寸，则此孔或轴必然是合格件。（　　）

11. 标准公差分为 20 个等级，分别用 IT01、IT0、IT1、IT2、…、IT18 来表示。等级依次增大，标准公差值依次降低。　　　　　　　　　　　　　　　　　（　　）

12. 标准规定：工作量规的几何公差值为量规尺寸公差的 50%，且其几何误差应限制在其尺寸公差带之内。　　　　　　　　　　　　　　　　　　　　　　（　　）

13. 在表面粗糙度的基本符号上加一个小圆圈，表示表面是以去除材料的加工方法获得的。　　　　　　　　　　　　　　　　　　　　　　　　　　　　　（　　）

14. 某圆柱面的圆柱度公差为 0.03 mm，那么该圆柱面对基准轴线的径向全跳动公差不小于 0.03 mm。　　　　　　　　　　　　　　　　　　　　　　　　（　　）

15. 公差框格中填写的公差值必须以毫米为单位。　　　　　　　　　　（　　）

16. 零件表面粗糙度值越小，零件的工作性能就越差，寿命也越短。　　（　　）

17. 表面的微观几何性质主要是指表面粗糙度。　　　　　　　　　　　（　　）

18. 要求配合精度高的零件，其表面粗糙度值应大。　　　　　　　　　（　　）

19. 零件的表面粗糙度值越低越耐磨。　　　　　　　　　　　　　　　（　　）

20. 平行度的符号是"∥"，垂直度的符号是"⊥"，圆柱度的符号是"○"。（　　）

21. 位置公差是指单一要素的形状所允许的变动量。　　　　　　　　　（　　）

22. 形状公差是指关联实际要素的位置对基准所允许的变动全量。　　　（　　）

三、金属切削原理及机床部分

1. 调质的目的是提高材料的硬度和耐磨性。　　　　　　　　　　　　（　　）

2. 合金钢按化学成分可分为合金结构钢、合金工具钢和特殊合金钢。　（　　）

3. 工具钢按用途可分为碳素工具钢、合金工具钢和高速工具钢。　　　（　　）

4. 钢淬火时，出现硬度偏低的原因一般是加热温度不够，冷却速度不快和表面脱碳等。　　　　　　　　　　　　　　　　　　　　　　　　　　　　（　　）

5. 材料的屈服强度越低，则允许的工作应力越高。　　　　　　　　（　　）

6. 麻口铸铁是灰铸铁和白口铸铁间的过渡组织，没有应用价值。　（　　）

7. 特殊黄铜是不含锌的黄铜。　　　　　　　　　　　　　　　　（　　）

8. T10 钢的质量分数是 10%。　　　　　　　　　　　　　　　（　　）

9. 40Cr 钢是最常用的合金调质钢。　　　　　　　　　　　　　（　　）

10. 退火一般安排在毛坯制造以后，粗加工进行之前。　　　　　（　　）

11. 金属的切削加工性能属于金属的使用性能。　　　　　　　　（　　）

12. 铁素体可锻铸铁具有一定的强度和一定的塑性与韧性。　　　（　　）

13. 高速工具钢中合金元素钨与钼的主要作用是增加热稳定性（红硬性）。（　　）

14. 用分布于铣刀端平面上的刀齿进行的铣削称为周铣，用分布于铣刀圆柱面上的刀齿进行的铣削称为端铣。　　　　　　　　　　　　　　　　（　　）

15. 成批生产时，轴类零件机械加工第一道工序一般安排为铣两端，钻中心孔。（　　）

16. 箱体零件多采用锻造毛坯。　　　　　　　　　　　　　　　（　　）

17. 划线是机械加工的重要工序，广泛用于成批生产和大量生产。（　　）

18. 弹性变形和塑性变形都能引起零件和工具的外形和尺寸的改变，都是工程技术上所不允许的。　　　　　　　　　　　　　　　　　　　　（　　）

19. 数控加工路线的选择，尽量使加工路线缩短，以减少程序段，同时又可以减少空走刀时间。　　　　　　　　　　　　　　　　　　　　　　（　　）

20. 箱体在加工时应先将箱体的底平面加工好，然后以该平面为基准加工孔和其他高度方向的平面。　　　　　　　　　　　　　　　　　　　　（　　）

21. 铣削时，铣刀的切削速度方向和工件的进给方向相同，这种铣削方式称为逆铣。（　　）

22. Z3063 型摇臂钻床适用于大中型零件的孔系加工，可完成钻孔、扩孔、铰孔、镗孔、刮端面及攻螺纹等工序。　　　　　　　　　　　　　　　（　　）

23. 铰孔是用铰刀从工件孔壁上切削较小的余量，以提高加工的尺寸精度和减小表面粗糙度的方法。　　　　　　　　　　　　　　　　　　　　（　　）

24. 乳化液主要用来减少切削过程中的摩擦和降低切削温度。　　（　　）

25. 一般在切削脆性金属材料和切削厚度较小的塑性金属材料时，所发生的磨损往往在刀具的主后刀面上。　　　　　　　　　　　　　　　　　（　　）

26. 标准麻花钻顶角一般为 118°。　　　　　　　　　　　　　（　　）

27. 就钻孔的表面粗糙度而言，钻削速度比进给量的影响大。　　（　　）

28. 铰刀的齿槽有螺旋槽和直槽两种，其中直槽铰刀切削平稳，振动小，寿命长，铰刀质量好，尤其适用于铰削轴向带有键槽的孔。　　　　　　　　　（　　）

29. 金属切削主运动可由工件完成，也可由工具完成。　　　　　（　　）

30. 金属切削主运动可以是旋转运动，也可以是直线运动。　　　（　　）

31. 切削用量包括进给量、背吃刀量和切削速度。　　　　　　　（　　）

32. 为提高生产率，采用大进给切削要比采用大背吃刀量省力。　（　　）

33. 在铣削过程中所选用的切削用量称为铣削用量，铣削用量包括吃刀量、铣削速度和

进给量。　　　　　　　　　　　　　　　　　　　　　　　　　　　　（　　）

34. 由于工件材料和切削条件的不同，所以切屑类型有带状切屑、节状切屑、粒状切屑和崩碎切屑四种。　　　　　　　　　　　　　　　　　　　　　　　　（　　）

35. 切削铸铁、青铜等脆性材料时一般会产生节状切屑。　　　　　　　（　　）

36. 金属切削时，刀具在中等切削速度下易产生积屑瘤。　　　　　　　（　　）

37. 影响切削温度的主要因素有工件材料、切削用量、刀具几何参数和冷却条件等。
　　　　　　　　　　　　　　　　　　　　　　　　　　　　　　　　（　　）

38. 实际的切削速度为编程的"F"设定的值乘以主轴转速倍率。　　　（　　）

39. 工件的加工部位分散，并且需要多次安装、多次设置原点时，最宜采用数控加工。
　　　　　　　　　　　　　　　　　　　　　　　　　　　　　　　　（　　）

40. 在同一次安装中进行多工序加工，应先完成对工件刚度破坏较大的工序。（　　）

41. 数控加工特别适用于产品单一且批量较大的加工。　　　　　　　　（　　）

42. 数控铣床可钻孔、镗孔、铰孔铣平面、铣斜面、铣槽、铣曲面（凸轮）、攻螺纹等。
　　　　　　　　　　　　　　　　　　　　　　　　　　　　　　　　（　　）

43. 粗加工时刀具应选用较小的后角。　　　　　　　　　　　　　　　（　　）

44. 数控机床加工的加工精度比普通机床高，是因为数控机床的传动链较普通机床的传动链长。　　　　　　　　　　　　　　　　　　　　　　　　　　　　（　　）

45. 数控加工适宜于形状复杂且精度要求高的零件的加工。　　　　　　（　　）

四、工艺部分

1. 为了保证工件被加工面的技术要求，必须使工件相对刀具和机床处于正确的位置。在使用夹具的情况下，就要使机床、刀具、夹具和工件之间保持正确的位置。（　　）

2. 夹紧力的方向应尽可能和切削力、工件重力平行。　　　　　　　　（　　）

3. 轮廓投影仪有绝对测量法和相对测量法两种。　　　　　　　　　　（　　）

4. 选择较大的测量力有利于提高测量的精准度和灵敏度。　　　　　　（　　）

5. 当游标卡尺尺身的零线与游标的零线对准时，游标上的其他刻线都不与尺身刻线对准。　　　　　　　　　　　　　　　　　　　　　　　　　　　　　　　（　　）

6. 为了保证千分尺不生锈，使用完毕后应将其浸泡在机油和柴油里。　（　　）

7. 使用千分尺时，用等温方法将千分尺和被测件保持同温，这样可以减少温度对测量结果的影响。　　　　　　　　　　　　　　　　　　　　　　　　　　　（　　）

8. 使用三针测量蜗杆的法向齿厚，量针直径的计算式是 $d_D = 0.577P$。（　　）

9. 用内径百分表测量内孔时，必须摆动内径百分表，所得的最大尺寸是孔的实际尺寸。
　　　　　　　　　　　　　　　　　　　　　　　　　　　　　　　　（　　）

10. 硬质合金切断刀切断中碳钢时，不许用切削液以免刀片破裂。　　（　　）

11. 高速钢车刀的韧性虽然比硬质合金刀具好，但是不能用于高速切削。（　　）

12. 数控车床的刀具大多数采用焊接式刀片。　　　　　　　　　　　（　　）

13. 一般情况下，常温时刀具材料的硬度要求在60HRC以上。　　　（　　）

14. 高速钢主要用来制作钻头、成形刀具、拉刀、齿轮刀具等。　　　（　　）

15. W18Cr4V是一种通用型高速钢。　　　　　　　　　　　　　　　（　　）

16. W6Mo5CrV2 是一种高性能高速钢。 （　　）

17. 硬质合金刀片可以用机械夹紧，也可用钎焊方式固定在刀具的切削部位上。（　　）

18. 高速钢刀具在低温时以机械磨损为主。 （　　）

19. 若要工件在夹具中获得唯一确定的位置，就必须消除工件所有的自由度。（　　）

20. 高性能麻花钻必须采用间歇进给的方式。 （　　）

21. 铣刀是一种多刃刀具，切削速度高，故铣削加工的生产率高。 （　　）

22. 因铣削加工的刀具做高速旋转，所以工件的表面粗糙度值很小。 （　　）

23. 装配时用来确定零件或部件在产品中相对位置所采用的基准，称为定位基准。

（　　）

24. 作为定位基准的表面应该放在工艺过程的最后进行加工。 （　　）

25. 一般都是直接用设计基准作为测量基准，因此应尽量用设计基准作为定位基准。

（　　）

26. 铣床上使用的平口钳、回转工作台属于通用夹具。 （　　）

27. 工件以圆内孔表面作为定位基面时，常用圆柱定位销、圆锥定位销、定位心轴等定位元件。 （　　）

28. 用夹具装夹时，定位基准就是工件上直接与夹具的定位元件相接触的点、线、面。

（　　）

29. 工艺基准包括定位基准、测量基准和装配基准三种。 （　　）

30. 要求限制的自由度没有被限制的定位方式成为过定位。 （　　）

31. 用六个支撑点分别限制工件的六个自由度，从而使工件在空间得到确定位置的方法，称为工件的六点定位原理。 （　　）

32. 按照限制自由度与加工技术要求的关系，可把自由度分为与加工技术有关的自由度和与加工技术无关的自由度两大类。对与加工技术无关的自由度，则不应布置支撑点。

（　　）

33. 采用过定位时，应设法减小过定位的有害影响。由于过定位的干涉是相关定位基准和定位元件的误差所致，故采取必要的工艺措施提高相关部位的尺寸、形状和位置精度，即可把过定位的影响减小到最低限度。 （　　）

34. 铣床夹具主要用于加工平面、沟槽、缺口、花键以及成形平面等。按铣削时的进给方式，铣床夹具分为螺旋线进给式铣床夹具、半圆周进给式铣床夹具和铣削靠模铣床夹具三大类。 （　　）

35. 根据工件的结构特点和对生产率的要求，可按先后加工、平面加工或平面—曲面加工等方式设计铣床夹具。 （　　）

36. 安装夹具时，应使定位键（或定向键）靠向 T 形槽一侧，以避免间隙对加工精度的影响。对定向精度要求较高的夹具，通常夹具的侧面加工出一窄长平面做夹具安装时的找正基面，通过找正获得较高的定向精度。 （　　）

37. 多工位数控铣床夹具主要适用于中批量生产。 （　　）

38. 用划针或千分表对工件进行找正，也就是对工件进行定位。 （　　）

39. 组合夹具的特点决定了它最适合用于产品经常变换的生产。 （　　）

40. 工件以外圆定位，配数控车床液压卡盘卡爪时，应在空载状态下进行。　　　　（　　　）

41. 铣削加工的切削力较大，而且大多是多刀刃连续切削，切削的方向和大小也是变化的，加工时容易产生振动，所以铣床夹具必须具有良好的抗振性能，以保证工件的加工精度和表面粗糙度的要求。　　　　（　　　）

42. 粗基准即为零件粗加工中所用基准，精基准即为零件精加工中所用基准。　　　　（　　　）

43. 如果要求保证零件加工表面与某不加工表面之间的相互位置精度，则应选此不加工表面为基准。　　　　（　　　）

44. 铜及铜合金的强度和硬度较低，夹紧力不宜过大，防止工件夹紧变形。　　　　（　　　）

45. 为了确保工件在加工时不发生移位，应将工件的长方向与数控机床 Y 轴对齐。

　　　　（　　　）

46. 用设计基准作为定位基准，可以避免基准不重合而引起的误差。　　　　（　　　）

47. 组合夹具是一种标准化、系列化、通用化程度较高的工艺设备。　　　　（　　　）

五、安全生产、维护保养部分

1. 生产管理是对企业日常生活生产活动的计划组织和控制。　　　　（　　　）

2. 数控机床与普通机床加工零件时的根本区别在于数控机床是按照事先编制好的加工程序自动地完成对零件的加工。　　　　（　　　）

3. 岗位的质量要求不包括工作内容、工艺规章、参数控制等。　　　　（　　　）

4. 职业道德的实质内容是建立全新的社会主义劳动关系。　　　　（　　　）

5. 不要在起重机吊臂下行走。　　　　（　　　）

6. 环境保护是指利用政府的指挥职能对环境进行保护。　　　　（　　　）

7. 对刀元件用于确定夹具与工件之间所应具有的相互位置。　　　　（　　　）

8. 切削时禁止用手摸刀具或工件。　　　　（　　　）

9. 机电设备运转时禁止触动转动部位，可以从机床运转部件上方传递物品。　　　　（　　　）

10. 工作前必须戴好劳动防护用品，女工戴好工作帽，不准围围巾，禁止穿高跟鞋，操作时不准戴手套，不准与他人闲谈，精神要集中。　　　　（　　　）

11. 铣床工作台纵向和横向移动对工作台面的平行度如果超过公差，将会影响加工工件的平行度、垂直度。　　　　（　　　）

12. 乳化液是将乳化油用 15～20 倍的水稀释而成。　　　　（　　　）

13. 数控系统操作面板上复位键的功能是解除警报和数控系统的复位。　　　　（　　　）

14. 有些数控机床配置比较低档，为了防止失步，应将 G00 改为 G01。　　　　（　　　）

15. 按数控系统操作面板上的"RESET"键后就能消除警报信息。　　　　（　　　）

16. 铣床主轴制动不良，是指按"停止"按钮时主轴不能立即停止或产生反转现象，其主要原因是主轴制动系统调整的不好或失灵。　　　　（　　　）

17. 机床控制电路中起失压保护的电器是熔断器。　　　　（　　　）

18. 开机前应检查机床各部分机构是否完好，各传动手柄、变速手柄是否正确。（　　　）

19. 机床各坐标轴终端设置有极限开关，由极限开关设置的行程称为软极限。　　　　（　　　）

20. 返回机床参考点操作时与机床运动部件当前所处的位置无关。　　　　（　　　）

21. 液压系统的输出功率就是液压缸等执行元件的工作功率。　　　　（　　　）

22. 液压系统的效率是由液阻和泄漏来确定的。　　　　　　　　　　（　　）

23. 机床常规检查法包括目测、手摸和通电处理等方法。　　　　　（　　）

24. 测量线路间的阻值时，先断电源，红、黑表笔互换测量两次，以阻值小的为参考值。　　　　　　　　　　　　　　　　　　　　　　　　　　　（　　）

25. 采用电容滤波法可以消除高频干扰，改善机床电源质量。　　　（　　）

26. 机床维修中，要更换新的器件，其引脚应做适当的处理，焊接中不应使用碱性焊油。　　　　　　　　　　　　　　　　　　　　　　　　　　　　（　　）

27. 加强设备的维护保养、修理能够延长设备的技术寿命。　　　　（　　）

28. 数控机床如长期不用时最重要的日常维护工作是干燥。　　　　（　　）

29. 在设备的维护保养制度中，一级保养是基础。　　　　　　　　（　　）

30. 机床精度调整时首先要精调机床床身的水平。　　　　　　　　（　　）

31. 数控机床维修原则之一是先公用后专用。　　　　　　　　　　（　　）

32. 常用的固体润滑剂有石墨、二氧化硫、锂基润滑脂等。　　　　（　　）

33. 精加工时，使用切削液的目的是降低切削温度，起冷却作用。　（　　）

34. 铣削纯铜材料工件时，选用铣刀材料应以 YT 硬质合金刚为主。（　　）

35. 钨钴类硬质合金主要用于加工脆性材料，如铸铁等。　　　　　（　　）

36. 钢件的硬度高会难以进行切削，所以钢件的硬度越低，越容易切削加工。（　　）

37. 在钢中添加适量的硫、铅等元素，可以减小切削力，提高刀具的寿命。（　　）

38. 在钢中添加适量的硫、铅等元素，可以得到易切钢。　　　　　（　　）

39. 对于一个设计合理、制造良好的带位置闭环控制系统的数控机床，可达到的精度由检测元件的精度决定。　　　　　　　　　　　　　　　　　　（　　）

40. 数控加工还可避免工人的设计误差，一批加工零件的尺寸同一性特别好（包括工件的主要尺寸和倒角等尺寸的同一性），大大提高了产品的质量。　（　　）

41. 闭环系统比开环系统及半闭环系统故障率低。　　　　　　　　（　　）

42. 铣削键槽时，若铣刀宽度或直径选择错误，则会使键槽宽度和对称度超差。（　　）

43. 在铣床上用固定连接法安装铰刀，若铰刀有偏摆，会使铰出来的孔径超差。（　　）

44. 加工方法主要根据加工精度与工件形状来选取。　　　　　　　（　　）

45. 造成铣削时振动大的主要原因，从铣床的角度来看主要是主轴松动和工作台松动。　　　　　　　　　　　　　　　　　　　　　　　　　　　　（　　）

46. 偶发性故障是比较容易被人发现与解决的。　　　　　　　　　（　　）

47. 刚开始投入使用的新机器磨损速度相对较慢。　　　　　　　　（　　）

48. 在初期故障期出现的故障主要是因工人操作不习惯、维护不好、操作失误造成的。　　　　　　　　　　　　　　　　　　　　　　　　　　　　　（　　）

49. 设备之所以要更新是因为设备在使用过程中受到了物质磨损。　（　　）

50. 数控机床数控部分出现故障死机后，数控人员应关掉电源后再重新开机，然后执行程序即可。　　　　　　　　　　　　　　　　　　　　　　　　　（　　）

51. 在程序编制前，程序员应了解所用数控机床的规格、性能和 CNC 系统所具备的功能及编程指令格式等。　　　　　　　　　　　　　　　　　　　　（　　）

52. 快速进给速度一般为 3000 mm/min，它通过参数，用 G00 指定快速进给速度。
（　　）

53. 在数控机床加工时要经常打开数控柜的门以便降温。（　　）

54. 电动机出现不正常现象时应及时切断电源，排除故障。（　　）

55. 不能随意拆卸防护装置。（　　）

56. 机床电器或线路着火，可用泡沫灭火器扑救。（　　）

57. 使用干粉和 1211 灭火器时，要将喷口对准火焰底部。（　　）

58. 根据火灾的危险程度和危害后果，火灾隐患分为一般火灾隐患和重大火灾隐患。
（　　）

59. 气体灭火系统中的储存装置是指储存容器。（　　）

60. 探测器的调试不需要编制清单项目。（　　）

61. 几种不同类型的点型探测器在编制工程量清单时，只需设置一个项目编码即可。
（　　）

62. 水幕系统中所采用的喷头为开式喷头。（　　）

63. 消防报警备用电源需要单独设置项目清单。（　　）

64. 水流指示器是一种由管网内水流作用启动，能发出电信号的组件。其清单项目中的工作内容包括其检查接线。（　　）

65. 当温感式水幕系统中采用 ZSPD 型输出控制器时，可采用的水幕喷头数不应超过 4 个。（　　）

66. 选择阀是组合分配系统中控制灭火剂在发生火灾的防护空间内释放的阀门。（　　）

67. 劳动防护用品穿戴是否符合规定要求，对防护效能影响很大，穿戴不好甚至起相反作用。（　　）

68. 在快速或自动进给铣削时，不准把工作台走到两极端，以免挤坏丝杆。（　　）

69. 不准擅自拆卸机床上的安全防护装置，缺少安全防护装置的机床不准工作。（　　）

70. 按工艺规定进行加工。不准任意加大进给量、磨削量和切削速度。不准超规范、超负荷、超重量使用机床。不准精机粗用和大机小用。（　　）

参 考 答 案

一、机械制图部分

1. × 2. √ 3. × 4. √ 5. √ 6. √ 7. √ 8. × 9. √ 10. √ 11. √ 12. √
13. × 14. √ 15. × 16. × 17. × 18. √

二、公差部分

1. √ 2. × 3. × 4. × 5. × 6. √ 7. × 8. √ 9. √ 10. √ 11. √ 12. √
13. × 14. × 15. × 16. × 17. × 18. √ 19. √ 20. √ 21. √ 22. ×

三、金属切削原理及机床部分

1. × 2. √ 3. √ 4. √ 5. √ 6. √ 7. × 8. × 9. √ 10. √ 11. √ 12. √
13. √ 14. × 15. × 16. √ 17. √ 18. √ 19. √ 20. √ 21. × 22. √ 23. √ 24. √
25. × 26. √ 27. × 28. √ 29. √ 30. √ 31. √ 32. √ 33. √ 34. √ 35. × 36. √

37. √   38. ×   39. ×   40. √   41. ×   42. √   43. √   44. ×   45. √

四、工艺部分

1. √   2. √   3. √   4. ×   5. ×   6. ×   7. √   8. √   9. ×   10. ×   11. √   12. ×
13. √   14. √   15. √   16. ×   17. √   18. √   19. √   20. √   21. √   22. ×   23. ×   24. ×
25. √   26. √   27. √   28. √   29. √   30. ×   31. √   32. √   33. √   34. √   35. ×   36. √
37. √   38. √   39. √   40. ×   41. √   42. √   43. √   44. √   45. √   46. √   47. √

五、安全生产、维护保养部分

1. √   2. √   3. ×   4. ×   5. √   6. √   7. ×   8. √   9. ×   10. √   11. ×   12. ×
13. √   14. √   15. √   16. √   17. √   18. √   19. √   20. √   21. ×   22. ×   23. √   24. ×
25. √   26. ×   27. ×   28. ×   29. √   30. √   31. √   32. √   33. √   34. √   35. √   36. ×
37. √   38. √   39. √   40. √   41. √   42. √   43. √   44. √   45. √   46. √   47. √   48. ×
49. ×   50. ×   51. √   52. ×   53. ×   54. √   55. √   56. √   57. √   58. √   59. ×   60. √
61. ×   62. √   63. ×   64. ×   65. ×   66. √   67. √   68. √   69. √   70. √

第二部分　单项选择题

（下列每题的备选项中，只有1个是正确的，请将正确答案的字母填入括号内）

一、机械制图部分

1. 标注球面时应在符号前加（　　）。

　　A. ϕ 　　　　　　 B. σ 　　　　　　 C. S 　　　　　　 D. R

2. 当零件所有表面具有相同的特征时，可在图形（　　）统一标注。

　　A. 左上角 　　 B. 右上角 　　 C. 左下角 　　 D. 右下角

3. 绘图时，大多采用（　　）比例，以方便看图。

　　A. 1:1 　　　　 B. 1:2 　　　　 C. 2:1 　　　　 D. 1:3

4. 六个基本视图中，最经常使用的是（　　）三个视图。

　　A. 主、右、仰 　 B. 主、俯、左 　 C. 主、左、后 　 D. 主、俯、后

5. 在标注尺寸时，应在尺寸链中取一个（　　）的环不标注，使尺寸链为开环。

　　A. 重要 　　　　 B. 不重要 　　　 C. 尺寸大 　　　 D. 尺寸小

6. 识读装配图的要求是了解装配图的名称、用途、性能、结构和（　　）。

　　A. 工作原理 　 B. 工作性质 　 C. 配合性质 　 D. 零件公差

7. 识读装配图的步骤是先（　　）。

　　A. 识读标题栏 　 B. 看视图配置 　 C. 看标注尺寸 　 D. 看技术要求

8. 国标中对图样中尺寸的标注已统一以（　　）为单位。

　　A. 厘米 　　　　 B. 英寸 　　　　 C. 毫米 　　　　 D. 米

9. 一般机械工程图采用（　　）原理画出。

　　A. 正投影 　　 B. 中心投影 　　 C. 平行投影 　　 D. 点投影

10. 局部视图的断裂边界应以（　　）表示。

　　　A. 细实线 　　 B. 波浪线 　　 C. 虚线 　　　 D. 点画线

11. 金属材料的剖面符号，应画成与水平成（　　）的互相平行、间隔均匀的细实线。

A. 15°　　　　B. 45°　　　　C. 75°　　　　D. 90°

12. 根据剖切范围来分，（　　）不属于剖视图的范畴。

A. 全剖视图　　B. 半剖视图　　C. 局部剖视图　　D. 部分剖视图

13. 画半剖视图时，习惯上将左右对称图形的（　　）画成剖视图。

A. 左半边　　B. 右半边　　C. 左、右半边皆可　D. 未知

14. 画半剖视图时，习惯将上下对称图形的（　　）画成剖视图。

A. 上半部　　B. 下半部　　C. 上、下半部皆可　D. 未知

15. 用剖切平面将机件局部剖开，并用（　　）线表示剖切范围，所得剖视图称为局部剖视图。

A. 波浪线　　B. 虚线　　C. 点画线　　D. 细实线

16. 将图样中所表示物体部分结构用大于原图形所用的比例画出的图形称为（　　）。

A. 局部剖视图　　B. 局部视图　　C. 局部放大图　　D. 移出剖视图

17. 画旋转视图时，倾斜部分应有适当的旋转轴线，先旋转后投影，旋转视图与原视图（　　）。

A. 必须对正　　　　　　　　B. 可以对正，也可以不对正

C. 不再对正　　　　　　　　D. 没有硬性规定

18. 三视图中，主视图和左视图应（　　）。

A. 长对正　　B. 高平齐　　C. 宽相等　　D. 宽不等

19. 在六个基本视图中（　　）宽相等。

A. 俯、左、仰、右视图

B. 俯、前、后、仰视图

C. 俯、左、右、后视图

20. 无论外螺纹或内螺纹，在剖视图或断面图中的剖面线都应画到（　　）。

A. 细实线　　B. 牙底线　　C. 粗实线

21. 空间互相平行的两线段，在同一轴侧图投影中（　　）。

A. 根据具体情况，有时相互不平行，有时相互平行

B. 相互不平行

C. 一定相互垂直

D. 一定相互平行

22. 零件图中的角度数字一律写成（　　）。

A. 垂直方向　　B. 水平方向　　C. 弧线切线方向　　D. 斜线方向

23. 外螺纹的大径用（　　）符号表示。

A. D　　B. d　　C. D_1　　D. d_1

24. 螺纹的公称直径是指（　　）。

A. 螺纹的小径　　B. 螺纹的中径　　C. 螺纹的大径　　D. 螺纹分度圆直径

二、公差部分

1. 几何形状误差包括宏观几何形状误差，微观几何形状误差和（　　）。

A. 表面波度　　B. 表面粗糙度　　C. 表面不平度

2. 在公差带图中，一般取靠近零线的那个偏差为（　　　）。

　　A. 上极限偏差　　　　B. 下极限偏差　　　　C. 基本偏差　　　　D. 自由偏差

3. 用完全互换法装配机器，一般适用于（　　　）场合。

　　A. 大批量生产　　　　　　　　　　　B. 高精度多环尺寸链

　　C. 高精度少环尺寸链　　　　　　　　D. 单件小批量生产

4. 下述论述正确的是（　　　）。

　　A. 无论气温高低，只要零件的实际尺寸介于上、下极限尺寸之间，就能判断其为合格

　　B. 一批零件的实际尺寸最大为 20.01 mm，最小尺寸为 19.98 mm，则可知零件的上偏差是 +0.01 mm，下极限偏差是 −0.02 mm

　　C. j ~ n 的基本偏差为上极限偏差

　　D. 对零部件规定的公差值越小，则其配合公差也必定越小

5. 公差与配合标准的应用主要解决（　　　）。

　　A. 基本偏差　　　　B. 加工顺序　　　　C. 公差等级　　　　D. 加工方法

6. 最小极限尺寸减基本尺寸所得的代数差为（　　　）。

　　A. 上极限偏差　　　　B. 下极限偏差　　　　C. 基本偏差　　　　D. 实际偏差

7. 下述论述中不正确的是（　　　）。

　　A. 对于轴，从 n ~ zc 基本偏差均为下极限偏差，且为正值

　　B. 基本偏差的数值与公差等级均无关

　　C. 与基准轴配合的孔，A ~ H 为间隙配合，P ~ ZC 为过盈配合

　　D. 对于轴的基本偏差，从 a ~ h 为上极限偏差 es，且为负值或零

8. 配合代号由（　　　）组成。

　　A. 基本尺寸与公差代号

　　B. 孔的公差带代号与轴的公差带代号

　　C. 基本尺寸与孔的公差带代号

　　D. 基本尺寸与轴的公差带代号

9. 在基准制的选择中应优先选用（　　　）。

　　A. 基孔制　　　　B. 基轴制　　　　C. 混合制　　　　D. 配合制

10. 孔的形状精度主要有（　　　）和圆柱度。

　　A. 垂直度　　　　B. 圆度　　　　C. 平行度　　　　D. 同轴度

11. 最大实体尺寸是（　　　）的统称。

　　A. 孔的最小极限尺寸和轴的最小极限尺寸

　　B. 孔的最大极限尺寸和轴的最大极限尺寸

　　C. 轴的最小极限尺寸和孔的最大极限尺寸

　　D. 轴的最大极限尺寸和孔的最小极限尺寸

12. 当孔的基本偏差为上极限偏差时，计算下极限偏差数值的计算公式为（　　　）。

　　A. $ES = EI + IT$　　　　B. $EI = ES − IT$　　　　C. $EI = ES + IT$　　　　D. $ei = es − IT$

13. 在表面粗糙度的评定参数中，属于轮廓算术平均偏差的是（　　　）。

    A. *Ra*   B. *Rz*   C. *Ry*

14. 最小实体尺寸是（   ）。

    A. 测量得到的   B. 设计给定的   C. 加工形成的

15. 若孔、轴装配之后，实际满足极限间隙，则（   ）。

    A. 孔、轴合格   B. 孔、轴不一定合格

    C. 轴不一定合格，孔合格   D. 孔不一定合格、轴合格

16. 几何公差的基准代号不管处于什么方向，方框内的字母应（   ）书写。

    A. 水平   B. 垂直   C. 45°倾斜   D. 任意

17. 在表面粗糙度代号标注中，用（   ）参数时可以不标注参数代码。

    A. *Ry*   B. *Ra*   C. *Rz*

18. 属于形状公差的是（   ）。

    A. 面轮廓度   B. 圆跳动   C. 同轴度   D. 平行度

19. 属于位置公差的是（   ）。

    A. 线轮廓度   B. 圆度   C. 端面全跳动   D. 平面度

20. 圆度公差和圆柱度公差之间的关系是（   ）。

    A. 两者均控制圆柱体类零件的轮廓形状，因而两者可以替代使用

    B. 两者公差带形状不同，因而两者相互独立，没有关系

    C. 圆度公差可以控制圆柱度误差

    D. 圆柱度公差可以控制圆度误差

三、金属切削原理及机床部分

1. 刀具的耐用度是指刀具在两次重磨之间（   ）的总和。

    A. 切削次数   B. 切削时间   C. 磨损度   D. 装拆次数

2. 对于含碳量不大于 0.5% 的碳钢，一般采用（   ）为预备热处理。

    A. 退火   B. 正火   C. 调制   D. 淬火

3. 对于经过高频淬火以后的齿轮齿形进行精加工时，可以安排（   ）工序进行加工。

    A. 插齿   B. 挤齿   C. 磨齿   D. 仿形铣

4. 图样中技术要求项目中标注的"热处理 C45"表示（   ）。

    A. 淬火硬度 45HRC   B. 退火硬度为 45HRB

    C. 正火硬度为 45HRC   D. 调制硬度为 45HRC

5. 在下列三种钢中，（   ）钢的弹性最好。

    A. T10   B. 20 钢   C. 65Mn

6. GCr15SiMn 是（   ）。

    A. 高速钢   B. 中碳钢   C. 轴承钢   D. 不锈钢

7. 从奥氏体中析出的渗碳体为（   ）。

    A. 一次渗碳体   B. 二次渗碳体   C. 共晶渗碳体

8. 下列（   ）性能不属于金属材料的使用性能之一。

    A. 物理   B. 化学   C. 力学   D. 机械

9. 金属的抗拉强度用（   ）符号表示。

A. σ_s B. σ_e C. R_m D. σ_o

10. 金属材料的拉压试验除了测定强度指标外，还可测定（   ）指标。

    A. 硬度   B. 塑性   C. 韧性   D. 疲劳强度

11. 对工件进行热处理时，要求某一表面的硬度为 60 ~ 65HRC，其意义为（   ）。

    A. 布氏硬度 60 ~ 65   B. 维氏硬度 60 ~ 65

    C. 洛氏硬度 60 ~ 65   D. 精度 60 ~ 65

12. （   ）是靠测量压痕的深度来测量金属硬度的高低的。

    A. 布氏硬度   B. 洛氏硬度   C. 维氏硬度   D. 莫氏硬度

13. 洛氏硬度中（   ）应用最为广泛，测定对象为一般淬火钢件。

    A. HRA   B. HRB   C. HRC   D. HRD

14. Q235AF 中的 A 表示（   ）。

    A. 高级优质钢   B. 优质钢   C. 质量等级   D. 工具钢

15. 抗拉强度最强的是（   ）。

    A. HT200   B. HT250   C. HT300   D. HT350

16. 间接成本是指（   ）。

    A. 直接计入产品成本   B. 直接计入当期成本

    C. 间接计入产品成本   D. 收入扣除利润后间接得到的成本

17. 在机械加工车间中直接改变毛坯的形状、尺寸和材料性能，使之变为成品的这个过程，是该车间的重要工作，我们称之为（   ）。

    A. 生产过程   B. 加工过程   C. 工艺过程   D. 工作过程

18. 在工件上既有平面需要加工，又有孔需要加工时，可采用（   ）。

    A. 粗铣平面—钻孔—精铣平面

    B. 先加工平面，后加工孔

    C. 先加工孔，后加工平面

    D. 任一种形式

19. 刀具磨损过程的三个阶段中，作为切削加工应用的是（   ）阶段。

    A. 初期磨损   B. 正常磨损   C. 急剧磨损

20. 机床型号的首位应该是（   ）代号。

    A. 类或分类   B. 通用特征   C. 结构特征   D. 组别

21. 机械效率值永远是（   ）。

    A. 大于 1   B. 小于 1   C. 等于 1   D. 负数

22. 铣削方式按铣刀与工件间的相对旋转方向不同可分为顺铣和（   ）。

    A. 端铣   B. 周铣   C. 逆铣   D. 反铣

23. 用（   ）方式制成的齿轮较为理想。

    A. 由厚钢板切出圆饼再加工成齿轮

    B. 由粗棒切下圆饼再加工成齿轮

    C. 由圆棒锻成圆饼再加工成齿轮

    D. 先砂型铸出毛坯再加工成齿轮

24. 磨削加工分为周边磨削、端面磨削和（　　　）。
    A. 横磨削　　　　B. 纵磨削　　　　C. 综合磨削　　　　D. 成形磨削

25. （　　　）是指一个工人在单位时间内生产出合格产品的数量。
    A. 工序时间定额　　B. 生产时间定额　　C. 劳动生产率　　D. 辅助时间定额

26. 激光加工一般用于切削、打孔、焊接和（　　　）。
    A. 熔炼　　　　B. 切削　　　　C. 成形　　　　D. 表面处理

27. 粗加工时切削液主要以（　　　）为主。
    A. 煤油　　　　B. 切削油　　　　C. 乳化油　　　　D. 润滑油

28. 端铣和周铣相比较，正确的说法是（　　　）。
    A. 端铣加工多样性好　　　　　　B. 周铣生产效率高
    C. 端铣加工质量高　　　　　　　D. 大批量加工平面时多用周铣加工

29. 梯形螺纹的牙型角为（　　　）。
    A. 30°　　　　B. 40°　　　　C. 55°　　　　D. 60°

30. 带传动是利用带作为中间挠性件，依靠带与带之间的（　　　）或啮合来传递运动和动力。
    A. 结合　　　　B. 摩擦力　　　　C. 压力　　　　D. 相互作用力

31. 不属于链传动类型的有（　　　）。
    A. 传动链　　　　B. 运动链　　　　C. 起重链　　　　D. 牵引链

32. 螺旋传动主要由螺杆、螺母和（　　　）组成。
    A. 螺栓　　　　B. 螺钉　　　　C. 螺柱　　　　D. 机架

33. 选择刀具起始点时应考虑（　　　）。
    A. 防止与工件或夹具干涉碰撞
    B. 方便刀具安装测量
    C. 每把刀具刀尖在起始点重合
    D. 必须选在工件外侧

34. 合金工具钢刀具材料的热处理硬度是（　　　）。
    A. 40～45HRC　　B. 60～65HRC　　C. 70～80HRC　　D. 90～100HRC

35. 在高温下能够保持刀具材料性能称（　　　）。
    A. 硬度　　　　B. 红硬度　　　　C. 耐磨性　　　　D. 韧度和硬度

36. 加工一般金属材料用的高速钢，采用牌号有 W18Cr4V 和（　　　）两种。
    A. CrWMn　　　　　　　　　　B. 9SiCr
    C. W12Cr4V4Mo　　　　　　　　D. W6Mo5Cr4V2

37. 铣削纯铜材料工件时，选用的铣刀材料应以（　　　）为主。
    A. 高速钢　　　　　　　　　　B. YT 类硬质合金
    C. YG 类硬质合金　　　　　　　D. 立方氮化硼

38. 下列材料中，（　　　）属于超硬刀具。
    A. 高速钢　　　　B. 立方氮化硼　　　　C. 硬质合金　　　　D. 陶瓷

39. YG8 硬质合金，牌号中的数字 8 表示（　　　）含量的百分数。

A. 碳化钨　　　　　B. 钴　　　　　　C. 碳化钛　　　　　D. 碳化钽

40. 标准麻花钻的锋角为（　　　）。

A. 118°　　　　　B. 35°～40°　　　　C. 50°～55°　　　　D. 100°

41. 切削时切削刃会受到很大的压力和冲击力，因此，刀具必须具备足够的（　　　）。

A. 硬度　　　　　B. 硬度和韧度　　　　C. 工艺性　　　　D. 耐磨性

42. 前面与基面间的夹角是（　　　）。

A. 后角　　　　　B. 主偏角　　　　　C. 前角　　　　　D. 刃倾角

43. 圆柱铣刀的刀位点是刀具中心线与刀具底面的交点，（　　　）的刀位点是球头的球心点。

A. 端面铣刀　　　　B. 棒状铣刀　　　　C. 球头铣刀　　　　D. 倒角铣刀

44. 在精加工和半精加工时，为了防止划伤已加工表面，刃倾角宜选取（　　　）。

A. 负值　　　　　B. 零值　　　　　C. 正值　　　　　D. 10°

45. （　　　）可分为回转刀架、转塔式、带刀库式三大类。

A. ATC　　　　　B. MDI　　　　　C. CRT　　　　　D. PLC

46. 刀具磨钝标准通常都按（　　　）的磨损值来制定。

A. 月牙洼深度　　　B. 前面　　　　　C. 后面　　　　　D. 刀尖

47. 刀具容易产生积屑瘤的切削速度大致是在（　　　）范围内。

A. 低速　　　　　B. 中速　　　　　C. 减速　　　　　D. 高速

48. 如果把高速钢标准直齿三面刃铣刀磨成错齿三面刃铣刀，将会减小铣削时的（　　　）。

A. 铣削宽度　　　B. 铣削速度　　　　C. 铣削力　　　　D. 铣削时间

49. 铣削难加工材料，衡量铣刀磨损程度时，是以刀具的（　　　）磨损为准。

A. 前面　　　　　B. 后面　　　　　C. 主切削刃　　　　D. 副切削刃

四、工艺部分

1. 游标卡尺上端的两个爪是用来测量（　　　）。

A. 内孔和槽宽　　　　　　　　　B. 深度

C. 齿轮公法线长度　　　　　　　D. 外径

2. 对于深孔件的尺寸精度，可以用（　　　）进行检验。

A. 内径千分尺或内径百分表　　　B. 塞规或内径千分尺

C. 塞规或内卡钳　　　　　　　　D. 以上均可

3. 测量精度为 0.05 mm 的游标卡尺，当两测量爪并拢时，尺身上 19 mm 对正游标上的（　　　）格。

A. 19　　　　　B. 20　　　　　C. 40　　　　　D. 50

4. 工件材料相同时，车削时的温升基本相等，其热变形伸长量取决于（　　　）。

A. 工件长度　　　　　　　　　　B. 材料热胀系数

C. 刀具磨损程度　　　　　　　　D. 刀尖直径

5. 切削用量中的切削速度是指主运动的（　　　）。

A. 转速　　　　　B. 进给量　　　　C. 线速度　　　　D. 角速度

6. 车削时切削热大部分是由（　　　）传递出去。

A. 刀具　　　　B. 工件　　　　C. 切屑　　　　D. 空气

7. 切削铸铁、青铜等材料时，容易得到（　　）。

A. 带状切屑　　B. 节状切屑　　C. 崩碎切屑　　D. 不确定

8. 一般切削（　　）材料时，容易形成节状切屑。

A. 塑性　　　　B. 中等硬度　　C. 脆性　　　　D. 高硬度

9. 在数控机床上，考虑工件的加工精度要求、刚度和变形等因素，可按（　　）划分工序。

A. 粗、精加工　　B. 所用刀具　　C. 定位方式　　D. 加工部位

10. 切削的三要素有进给量、背吃刀量和（　　）。

A. 切削厚度　　B. 切削速度　　C. 进给速度

11. 数控机床适用于生产（　　）和形状复杂的零件。

A. 单件小批量　　B. 单品种大批量　　C. 多品种小批量　　D. 多品种大批量

12. 编排数控机床加工工序时，为提高加工精度，采用（　　）。

A. 精密专用夹具　　　　B. 流水线作业法
C. 工序分散加工法　　　D. 一次装夹多工序集中

13. 大批量生产强度要求较高的形状复杂的轴，其毛坯一般选用（　　）。

A. 砂型铸造的毛坯　　　B. 自由铸的毛坯
C. 模锻的毛坯　　　　　D. 轧制棒料

14. 对于一个平面加工尺寸，如果上道工序的尺寸最大值为 H_{amax}，最小值为 H_{amin}，本工序的尺寸最大值为 H_{bmax}，最小值为 H_{bmin}，那么，本工序的最大加工余量 $Z_{max}=$（　　）。

A. $H_{amax}-H_{bmax}$　　B. $H_{amax}-H_{bmin}$　　C. $H_{amin}-H_{bmax}$　　D. $H_{amin}-H_{bmin}$

15. 某一表面在一道工序中所切除的金属层深度为（　　）。

A. 加工余量　　B. 背吃刀量　　C. 工序余量　　D. 总余量

16. 加工零件时将其尺寸控制在（　　）最为合理。

A. 基本尺寸　　B. 上极限尺寸　　C. 下极限尺寸　　D. 平均尺寸

17. 在数控机床和普通机床上加工工件，你认为精加工余量哪种机床要大一些。（　　）

A. 数控机床　　B. 普通机床　　C. 一样大　　D. 不一定

18. （　　）的工件不适用于在数控机床上加工。

A. 普通机床难加工　　　B. 毛坯余量不稳定
C. 精度高　　　　　　　D. 形状复杂

19. 尺寸链按功能分为设计尺寸链和（　　）。

A. 封闭尺寸链　　B. 装配尺寸链　　C. 零件尺寸链　　D. 工艺尺寸链

20. 数控机床的切削时间利用率高于普通机床5～10倍，尤其是在加工形状比较复杂、精度要求比较高、品种更换频繁的工件时，更具有良好的（　　）。

A. 稳定性　　　B. 经济性　　　C. 连续性　　　D. 可行性

21. 毛坯制造时，如果（　　），应尽量利用精密铸造、精锻、冷挤压等新工艺，使切削余量大大减小，从而可缩短加工的机动时间。

A. 属于维修件　　B. 批量较大　　C. 在研制阶段　　D. 要加工样品

22. 对于配合精度要求较高的圆锥，在工厂一般采用（　　）检验。
    A. 圆锥量规涂色　　B. 游标量角器　　　C. 角度样板　　　　D. 塞通规

23. 百分表的示值范围通常有 0～3 mm、0～5 mm 和（　　）mm 三种。
    A. 0～8　　　　　B. 0～10　　　　C. 0～12　　　　D. 0～15

24. （　　）是用来测量工件内外角度的量具。
    A. 游标万能角度尺　　　　　　　　B. 内径千分尺
    C. 游标卡尺　　　　　　　　　　　D. 量块

25. 在精加工和半精加工时一般要留加工余量，下列半精加工余量中相对较为合理的是（　　）mm。
    A. 5　　　　　　　B. 0.5　　　　　C. 0.01　　　　　D. 0.005

26. 按照功能的不同，工艺基准可分为定位基准、测量基准和（　　）基准三种。
    A. 粗基准　　　　B. 精基准　　　　C. 设计基准　　　D. 装配基准

27. （　　）是指定位时工序的同一自由度被两个定位元件重复限制的定位状态。
    A. 过定位　　　　B. 欠定位　　　　C. 完全定位　　　D. 不完全定位

28. 根据工件的加工要求，可允许进行（　　）。
    A. 欠定位　　　　B. 过定位　　　　C. 不完全定位　　D. 不定位

29. 根据加工的要求，某些工件不需要限制 6 个自由度，这种定位方式叫（　　）。
    A. 欠定位　　　　B. 不完全定位　　C. 过定位　　　　D. 完全定位

30. 倘若工件采用一面两销定位，其中定位平面消除了工件的（　　）个自由度。
    A. 1　　　　　　　B. 2　　　　　　C. 3　　　　　　D. 4

31. 倘若工件采用一面两销定位，其中短圆柱销消除了工件的（　　）个自由度。
    A. 1　　　　　　　B. 2　　　　　　C. 3　　　　　　D. 4

32. 倘若工件采用一面两销定位，其中短削边销消除了工件的（　　）个自由度。
    A. 1　　　　　　　B. 2　　　　　　C. 3　　　　　　D. 4

33. 倘若用定位锥销作定位元件与工件的圆柱孔端面圆接触，这样的定位，可以限制工件的（　　）个自由度。
    A. 1　　　　　　　B. 2　　　　　　C. 3　　　　　　D. 4

34. 定位基准是指（　　）。
    A. 机床上的某些点、线、面　　　　B. 夹具上的某些点、线、面
    C. 工件上的某些点、线、面　　　　D. 刀具上的某些点、线、面

35. 在每一工序中确定加工表面的尺寸和位置所依据的基准，称为（　　）。
    A. 设计基准　　　B. 工序基准　　　C. 定位基准　　　D. 测量基准

36. 一面两销定位中的"两销"为（　　）。
    A. 圆柱销　　　　　　　　　　　　B. 圆锥销
    C. 菱形销　　　　　　　　　　　　D. 一个是圆柱销，一个是菱形销

37. 一个物体在空间如果不加任何约束限制，应有（　　）个自由度。
    A. 4　　　　　　　B. 5　　　　　　C. 6　　　　　　D. 3

38. 三个支撑点对工件是平面定位，能限制（　　）个自由度。

A. 2   B. 3   C. 4   D. 5

39. 装夹工件时应考虑（   ）。

     A. 专用夹具   B. 组合夹具

     C. 夹紧力靠近支撑点   D. 夹紧力不变

40. 组合夹具是夹具（   ）的较高形式，它由各种不同形状，不同规格尺寸、具有耐磨性、互换性的标准元件组成。

     A. 标准化   B. 系列化   C. 多样化   D. 制度化

41. 在数控机床上使用夹具时最重要的是（   ）。

     A. 夹具的刚度好   B. 夹具的精度高

     C. 夹具上的对刀基准   D. 夹具装夹方便

42. （   ）夹具主要适用于中批量生产。

     A. 多工位   B. 液压   C. 气动   D. 真空

43. 在小批量生产或新产品研制中，应优先选用（   ）夹具。

     A. 专用   B. 液压   C. 气动   D. 组合

44. 作定位元件用的 V 形架上两斜面间的夹角，一般选用一定的角度，其中以（   ）应用最多。

     A. 30°   B. 60°   C. 90°   D. 120°

45. 常用的夹紧机构中，自锁性性能最可靠的是（   ）。

     A. 斜楔   B. 螺旋   C. 偏心   D. 铰链

46. （   ）是规定主轴的启动、停止、转向及冷却液的打开和关闭等。

     A. 辅助功能   B. 主功能   C. 刀具功能   D. 主轴功能

47. 保证工件在夹具中占有正确位置的是（   ）装置。

     A. 定位   B. 夹紧   C. 辅助   D. 车床

48. 数控自定心中心架的动力为（   ）传动。

     A. 液压   B. 机械   C. 手动   D. 电气

49. 机床上的卡盘、中心架等属于（   ）夹具。

     A. 通用   B. 专用   C. 组合

50. 生产批量很大时一般采用（   ）。

     A. 组合夹具   B. 可调夹具   C. 专用夹具   D. 其他夹具

51. 台钳、压板等夹具属于（   ）。

     A. 通用夹具   B. 专用夹具   C. 组合夹具   D. 可调夹具

52. 过定位是指定位时工件的同一（   ）被两个定位元件重复限制的定位状态。

     A. 平面   B. 自由度   C. 圆柱面   D. 方向

53. 在数控加工中，（   ）相对于工件运动的轨迹称为进给路线，进给路线不仅包括了加工内容，也反映出加工顺序，是编程的依据之一。

     A. 刀具原点   B. 刀具   C. 刀具刀尖点   D. 刀具刀位点

54. 测量零件已加工表面的尺寸和位置所使用的基准为（   ）。

     A. 定位基准   B. 测量基准   C. 装配基准   D. 工艺基准

55. 加工时用来确定工件在机床上或夹具中正确位置所使用的基准为 （   ）。

    A. 定位基准　　　　B. 测量基准　　　　C. 装配基准　　　　D. 工艺基准

56. 选择定位基准时，粗基准可以使用 （   ）。

    A. 一次　　　　　　B. 二次　　　　　　C. 多次

57. 为以后的工序提供定位基准的阶段是 （   ）。

    A. 粗加工阶段　　　B. 半精加工阶段　　C. 精加工阶段

58. 外圆形状简单、内孔形状复杂的工件应选择 （   ）作为刀具基准。

    A. 外圆　　　　　　　　　　　　　　B. 内孔

    C. 外圆或内孔均可　　　　　　　　　D. 其他

59. 箱体类工件常以一面两孔定位，相应的定位元件应是 （   ）。

    A. 一个平面，两个短圆柱销

    B. 一个平面，两个长圆柱销

    C. 一个平面，一个短圆柱销，一个短削边销（菱形销）

    D. 一个平面，一个短圆柱销，一个长圆柱销

60. 划线基准一般可用以下三种类型：以两个相互垂直的平面（或线）为基准；以一个平面和一条中心线为基准；以 （   ）为基准。

    A. 一条中心线　　　　　　　　　　　B. 两条中心线

    C. 一条或两条中心线　　　　　　　　D. 三条中心线

61. 数控加工工艺特别强调定位加工，所以，在加工时应采用 （   ）的原则。

    A. 互为基准　　　　B. 自为基准　　　　C. 基准统一　　　　D. 无法判断

62. 刀具直径可用 （   ）直接测出，刀具伸出长度可用刀具直接对刀法求出。

    A. 百分表　　　　　B. 千分表　　　　　C. 千分尺　　　　　D. 游标卡尺

63. 钢直尺的测量精度一般能达到 （   ）mm。

    A. 0.2~0.5　　　　B. 0.5~0.8　　　　C. 0.1~0.2　　　　D. 1~2

64. 技术测量主要研究对零件 （   ）进行测量。

    A. 尺寸　　　　　　B. 形状　　　　　　C. 几何参数　　　　D. 表面粗糙度

65. 框式水平仪的主水准泡上表面是 （   ）的。

    A. 水平　　　　　　B. 凹圆弧形　　　　C. 凸圆弧形　　　　D. 直线形

66. 下列测量中属于间接测量的是 （   ）。

    A. 用千分表测量外径　　　　　　　　B. 用光学比较仪测外径

    C. 用内径百分表测量内径　　　　　　D. 用游标卡尺测量两孔中心距

67. 下列测量中属于相对测量的是 （   ）。

    A. 用千分尺测量外径　　　　　　　　B. 用内径百分表测量内径

    C. 用内径千分尺测量内径　　　　　　D. 用游标卡尺测量外径

五、安全生产及维护保养部分

1. 职业道德的实质内容是 （   ）。

    A. 改善个人生活　　　　　　　　　　B. 增加社会的财富

    C. 树立全新的社会主义劳动态度　　　D. 增强竞争意识

2. 按数控机床发生的故障性质分类有（　　）和系统性故障。
　　A. 随机性故障　　　　　　　　　　B. 伺服性故障
　　C. 软件故障　　　　　　　　　　　D. 部件故障

3. 过流报警属于（　　）。
　　A. 系统报警　　　　　　　　　　　B. 机床侧报警
　　C. 伺服单元报警　　　　　　　　　D. 电动机报警

4. 热继电器在控制电路中起（　　）作用。
　　A. 短路保护　　　　　　　　　　　B. 过载保护
　　C. 失压保护　　　　　　　　　　　D. 过电压保护

5. 数控闭环伺服系统的速度反馈装置装在（　　）。
　　A. 伺服电动机上　　　　　　　　　B. 伺服电动机主轴上
　　C. 工作台上　　　　　　　　　　　D. 工作台丝杠上

6. 液压系统的动力元件是（　　）。
　　A. 电动机　　　B. 液压泵　　　C. 液压缸　　　D. 液压阀

7. 关于低压断路器叙述不正确的是（　　）。
　　A. 操作安全、工作可靠　　　　　　B. 分断能力强，兼顾多种保护
　　C. 用于不频繁通断的电路中　　　　D. 不具备过载保护功能

8. 不属于切削液作用的是（　　）。
　　A. 冷却　　　　　　　　　　　　　B. 润滑
　　C. 提高切削速度　　　　　　　　　D. 清洗

9. 设备日常维护"十字作业"方针是清洁、润滑、紧固、调整、（　　）。
　　A. 检查　　　　B. 防腐　　　C. 整齐　　　D. 安全

10. 产生机械加工精度误差的主要原因是由于（　　）。
　　A. 润滑不良　　　　　　　　　　　B. 机床精度下降
　　C. 材料不合格　　　　　　　　　　D. 空气潮湿

11. 若铣床工作台纵向丝杠有间隙调整装置，则此铣床（　　）。
　　A. 通常采用逆铣而不采用顺铣
　　B. 通常采用顺铣而不采用逆铣
　　C. 既能顺铣又能逆铣

12. 数控机床进给系统中采用齿轮传动副时，如果不采用消隙措施，将会（　　）。
　　A. 增大驱动功率　　　　　　　　　B. 降低传动功率
　　C. 增大摩擦力　　　　　　　　　　D. 造成反向间隙

13. 在调整工作台导轨间的间隙时，一般以不大于（　　）mm 为宜。
　　A. 0.01　　　　B. 0.04　　　C. 0.10　　　D. 0.30

14. 新机床就位后只要做（　　）h 的连续运转就认为可行。
　　A. 1~2　　　　B. 8~16　　　C. 96　　　D. 36

15. 数控机床电气柜的空气交换部件应（　　）清除积尘，以免温升过高产生故障。
　　A. 每日　　　　B. 每周　　　C. 每季度　　　D. 每年

16. 经常停滞不用的机床，过了梅雨天后，一开机易发生故障，主要是由于（　　）作用导致器件损坏。

    A. 物理　　　　　B. 光合　　　　　C. 化学　　　　　D. 生物

17. 数控机床如长期不用时最重要的日常维护工作是（　　）。

    A. 清洁　　　　　B. 干燥　　　　　C. 通电　　　　　D. 润滑

18. 目前世界先进的 CNC 数控系统的平均无故障时间（MTBF）大部分在（　　）h 之间。

    A. 1 000 ~ 10 000　　　　　　　　B. 10 000 ~ 100 000

    C. 10 000 ~ 30 000　　　　　　　　D. 30 000 ~ 100 000

19. 故障维修的一般原则是（　　）。

    A. 先动后静　　　　　　　　　　B. 先内部后外部

    C. 先电气后机械　　　　　　　　D. 先一般后特殊

20. 滚珠丝杠运动不灵活，但噪声不大，其主要原因是（　　）。

    A. 润滑不良　　　　　　　　　　B. 伺服电动机故障

    C. 轴向预加载荷太大　　　　　　D. 联轴器松动

21. 在切削金属材料时，属于刀具正常磨损中最常见情况的是（　　）磨损。

    A. 前面　　　　　B. 后面　　　　　C. 前后面同时

22. 当铣削（　　）材料工件时，铣削速度可适当取得高一些。

    A. 高锰奥氏体　　　　　　　　　B. 高温合金

    C. 纯铜　　　　　　　　　　　　D. 不锈钢

23. 高温合金导热性差、高温强度大、切削时容易粘刀，所以铣削高温合金时，后角要稍大一些，前角应取（　　）。

    A. 正值　　　　　B. 负值　　　　　C. 0°　　　　　D. 不变

24. 加工铸铁等脆性材料时，应选用（　　）类硬质合金。

    A. 钨钴钛　　　　　B. 钨钴　　　　　C. 钨钛　　　　　D. 钨钒

25. 下列材料中，（　　）最难切削加工。

    A. 铝和铜　　　　　B. 45 钢　　　　　C. 合金结构钢　　　　　D. 耐热钢

26. 为改善低碳钢的切削加工性能，一般采用（　　）热处理。

    A. 退火　　　　　B. 正火　　　　　C. 调质　　　　　D. 回火

27. 硬度在（　　）范围内的钢材其切削加工性能最好。

    A. 25 ~ 35HRC　　　　　　　　B. 160 ~ 230HBW

    C. 170 ~ 240HBW　　　　　　　D. 45HRC 以上

28. 下述主轴回转精度测量方法中，常用的是（　　）。

    A. 静态测量　　　B. 动态测量　　　C. 间接测量　　　D. 直接测量

29. 滚珠丝杠的基本导程减小，可以（　　）。

    A. 提高精度　　　　　　　　　　B. 提高承载能力

    C. 提高传动效率　　　　　　　　D. 加大螺旋升角

30. 必须在主轴（　　）个位置上检验铣床主轴锥孔中心线的径向圆跳动。

A. 1   B. 2   C. 3   D. 4

31. 机床精度指数可衡量机床精度，机床精度指数（ ），机床精度高。
  A. 大   B. 小   C. 无变化   D. 为零

32. 数控机床几何精度检查时首先应该进行（ ）。
  A. 安装水平的检查与调整   B. 数控系统功能试验
  C. 连续空运行试验

33. 数控机床进给系统采用齿轮传动副时，应有消除间隙措施，其消除的是（ ）。
  A. 齿轮轴向间隙   B. 齿顶间隙
  C. 齿侧间隙   D. 齿根间隙

34. 调整铣床工作台镶条的目的是为了调整（ ）的间隙。
  A. 工作台与导轨   B. 工作台丝杆螺母
  C. 工作台紧固机构

35. 对于数控机床最具机床精度特性的一项指标是（ ）。
  A. 机床的运动精度   B. 机床的传动精度
  C. 机床的定位精度   D. 机床的几何精度

36. 数控加工夹具具有较高的（ ）精度。
  A. 粗糙度   B. 尺寸   C. 定位   D. 以上都不是

37. 间隙补偿不能用来改善（ ）间隙而产生的误差。
  A. 进给滚珠丝杠副   B. 进给导轨副
  C. 刀架定位端齿盘   D. 丝杠联轴器

38. 铰孔时，如果铰刀尺寸大于要求，铰出的孔会出现（ ）。
  A. 尺寸误差   B. 形状误差   C. 粗糙度误差   D. 位置误差

39. （ ）与数控系统的插补功能及某些参数有关。
  A. 刀具误差   B. 逼近误差   C. 插补误差   D. 机床误差

40. 车削螺纹时，刻度盘使用不当会使螺纹（ ）产生误差。
  A. 大径   B. 中径   C. 齿形角   D. 粗糙度

41. 加工箱体零件上的孔时，如果花盘角铁精度低，会影响平行孔的（ ）。
  A. 尺寸精度   B. 形状精度   C. 孔距精度   D. 粗糙度

42. 在数控机床行程极限上限点与下限点之间的三维空间范围内，刀具可以移动；如果刀具移动超出这个范围，机床立即（ ），避免发生危险。
  A. 自动运行   B. 启动电动机   C. 停止运动   D. 发生报警774

43. 机床各坐标轴终端设置有极限开关，由极限开关设置的行程称为（ ）。
  A. 极限行程   B. 行程保护   C. 软极限   D. 硬极限

44. 应保持设备的整洁，及时消除跑、冒、滴、漏。机台上（ ）放置任何杂物，做好机电设备日常维护和一级保养工作。
  A. 可以暂时   B. 不准   C. 随便   D. 可以少量

45. 数控机床一种行程极限是由机床行程范围决定的最大行程范围，用户（ ）改变，该范围由参数决定，也是数控机床的软件超程保护范围。

A. 可以   B. 能够   C. 自行   D. 不得

46. 为了避免程序错误造成刀具与机床部件或其他附件相撞，数控机床有（ ）行程极限。

     A. 一种   B. 两种   C. 三种   D. 多种

47. 限位开关在电路中起（ ）作用。

     A. 短路保护   B. 过载保护   C. 欠压保护   D. 行程控制

48. 下述违反安全操作规程的是（ ）。

     A. 自己制定生产工艺   B. 贯彻安全生产规章制度

     C. 加强法制观念   D. 执行国家安全生产的法令、规定

49. 凡由引火性液体及固体油脂物体所引起的油类火灾，按 GB4351 为（ ）。

     A. D 类   B. C 类   C. B 类   D. A 类

50. 电线、电器起火，切忌（ ）。

     A. 切断电源   B. 干粉灭火器灭火

     C. 用水救火   D. CO_2 灭火器灭火

51. （ ）灭火器在使用时，使用人员要注意，避免冻伤。

     A. 化学泡沫   B. 机械泡沫   C. 二氧化碳   D. 干粉式

52. 电路起火用（ ）灭火。

     A. 水   B. 油   C. 干粉灭火器   D. 泡沫灭火器

53. 人体的触电方式分为（ ）两种。

     A. 电击和电伤   B. 电吸和电摔   C. 立穿和横穿   D. 局部和全身

54. 消防工作贯彻（ ）的方针。

     A. 防患于未然   B. 预防为主、防消结合

     C. 预防火灾、减少火灾危害   D. 保护公民人身、财产安全

55. 多线制是指系统间信号按（ ）进行传输的布线制式。

     A. 二总线   B. 四总线   C. 各自回路   D. 五条线

56. 室外消火栓的安装方式有地上式、（ ）。

     A. 地下式   B. 明装   C. 暗装   D. 墙壁式

57. 工程量清单计算时，（ ）包括给水三通至喷头、阀门间管路、管件，阀门、喷头。

     A. 湿式灭火系统   B. 干式灭火

     C. 雨淋系统   D. 温感式水幕系统

58. 水灭火系统中，泵房间内管道安装工程量，按（ ）有关项目编制工程量清单。

     A. 消火栓管道   B. 喷淋系统

     C. 给水管道   D. 工业管道

59. 末端试水装置是（ ）系统使用中可检测系统总体功能的一种简易可行的检测试验装置。

     A. 自动喷水灭火   B. 气体灭火

     C. 泡沫灭火   D. 消火栓灭火

60. 气体灭火系统施工前应对选择阀、液体单向阀、（　　）进行水压强度试验和气压严密性试验。

  A. 低压软管   B. 伺服装置   C. 容器阀   D. 气体单向阀

61. 泡沫比例混合器主要有 PHF 系列比例混合器、PHF 系列压力比例混合器、PHF 系列平衡压力比例混合器。这三种类型的比例混合器也可用于低倍数泡沫灭火系统。适用于低倍数泡沫灭火系统使用的比例混合器，目前有（　　）系列环泵式比例混合器。

  A. PH   B. PC   C. PF   D. PFS

62. 安全管理可以保证操作者在工作时的安全或提供便于工作的（　　）。

  A. 生产场地 B. 生产环境 C. 生产空间 D. 生产路径

63. 工作前必须穿戴好劳动防护用品，操作时（　　），女工戴好工作帽，不准围围巾。

  A. 穿好凉鞋 B. 戴好眼镜 C. 戴好手套 C. 用手拿开切屑

64. 在质量检验中，要坚持"三检"制度，即（　　）。

  A. 自检、互检、专职检   B. 首检、中间检、尾检
  C. 自检、巡回检、专职检   D. 首检、巡回检、尾检

65. 对设备进行局部解体和检查，由操作者每周进行一次的保养是（　　）。

  A. 例行保养   B. 日常保养
  C. 一级保养   D. 二级保养

66. 操作者熟练掌握使用设备的技能，达到"四会"，即（　　）。

  A. 会使用，会修理，会保养，会检查
  B. 会使用，会保养，会检查，会排除故障
  C. 会使用，会修理，会检查，会排除故障
  D. 会使用，会修理，会检查，会管理

67. 下述不符合着装整洁、文明生产要求的是（　　）。

  A. 按规定穿戴好劳动防护用品
  B. 工作中对服装不做要求
  C. 遵守安全技术操作规程
  D. 执行规章制度

68. 爱岗敬业就是对从业人员（　　）的首要要求。

  A. 工作态度 B. 工作精神 C. 工作能力 D. 以上均可

69. 下述符合着装整洁、文明生产的是（　　）。

  A. 随便着衣   B. 未执行规章制度
  C. 在工作中吸烟   D. 遵守安全技术操作规程

参 考 答 案

一、机械制图部分

1. C 2. D 3. A 4. B 5. B 6. A 7. A 8. C 9. A 10. B 11. B 12. D 13. B
14. B 15. A 16. C 17. C 18. B 19. A 20. C 21. D 22. B 23. B 24. C

二、公差部分

1. A　2. C　3. A　4. D　5. C　6. B　7. B　8. B　9. A　10. B　11. D　12. B　13. A
14. B　15. B　16. A　17. B　18. A　19. C　20. D

三、金属切削原理及机床部分

1. B　2. B　3. C　4. A　5. C　6. C　7. B　8. D　9. C　10. B　11. C　12. B　13. C
14. C　15. D　16. C　17. C　18. B　19. B　20. A　21. B　22. C　23. C　24. D　25. C
26. D　27. C　28. C　29. A　30. B　31. B　32. D　33. A　34. B　35. B　36. D　37. A
38. B　39. B　40. A　41. B　42. C　43. C　44. C　45. A　46. C　47. B　48. C　49. B

四、工艺部分

1. A　2. A　3. B　4. A　5. C　6. C　7. C　8. B　9. A　10. B　11. C　12. D　13. C
14. B　15. C　16. D　17. B　18. B　19. D　20. B　21. B　22. A　23. B　24. A　25. B
26. D　27. A　28. C　29. B　30. C　31. B　32. A　33. B　34. C　35. B　36. D　37. C
38. B　39. A　40. A　41. C　42. A　43. D　44. C　45. B　46. A　47. A　48. A　49. A
50. C　51. A　52. B　53. D　54. B　55. A　56. A　57. A　58. A　59. C　60. B　61. C
62. C　63. A　64. C　65. C　66. D　67. B

五、安全生产及维护保养部分

1. C　2. A　3. C　4. B　5. C　6. B　7. D　8. C　9. B　10. B　11. C　12. D　13. B
14. B　15. B　16. C　17. C　18. C　19. D　20. C　21. B　22. C　23. A　24. B　25. D
26. B　27. B　28. A　29. A　30. C　31. B　32. A　33. C　34. A　35. C　36. C　37. C
38. A　39. C　40. B　41. C　42. C　43. D　44. B　46. D　46. B　47. D　48. A　49. C
50. C　51. C　52. C　53. A　54. B　55. C　56. A　57. C　58. C　59. A　60. D　61. A
62. B　63. B　64. A　65. C　66. B　67. B　68. A　69. D

参 考 文 献

徐夏民. 数控铣工实习与考级 [M]. 北京：高等教育出版社，2004.